生物炭和有机肥对土壤的改良作用

王桂君 著

科学出版社

北京

内 容 简 介

在自然因子和人为干扰等影响下土地资源面临退化，限制了社会经济与生态环境的可持续发展。如何合理有效地改良和利用退化土地资源受到广泛关注。本书概括了土壤改良剂的主要类别，着重分析了生物炭和有机肥两种生物质改良剂的特征和作用，总结了生物炭和有机肥的使用对土壤理化性状、土壤微生态环境、土壤污染修复及作物生长和产量的作用，同时结合研究实例探讨了不同改良剂的施加效应及作用机制。

本书可作为从事退化土壤修复及恢复生态学相关研究工作的科研人员和研究生的参考书。

图书在版编目（CIP）数据

生物炭和有机肥对土壤的改良作用/王桂君著. —北京：科学出版社，2021.11

ISBN 978-7-03-070273-9

Ⅰ. ①生… Ⅱ. ①王… Ⅲ. ①活性炭-作用-土壤改良-研究 ②有机肥料-作用-土壤改良-研究 Ⅳ. ①S156

中国版本图书馆 CIP 数据核字（2021）第 216220 号

责任编辑：孟莹莹 程雷星/责任校对：彭珍珍
责任印制：吴兆东/封面设计：无极书装

科 学 出 版 社 出版
北京东黄城根北街 16 号
邮政编码：100717
http://www.sciencep.com

北京九州迅驰传媒文化有限公司 印刷
科学出版社发行 各地新华书店经销
*
2021 年 11 月第 一 版 开本：720×1000 1/16
2021 年 11 月第一次印刷 印张：10 3/4 插页：2
字数：217 000
定价：99.00 元

前　言

  土壤退化是人类目前面临的严峻环境问题之一，退化土壤的修复也越来越受到国内外相关人士的关注。土壤改良剂的研究及应用对防治土壤退化、提高土地生产力具有重要的理论和现实意义。其中，以天然材料（特别是工农业废弃物）为原料研制新型多功能土壤改良剂进行退化、低产土壤的改良，是目前土壤改良剂研究的热点。南美洲亚马孙"黑土"至今仍是全球非常肥沃的土壤之一，它对土壤性质的调节作用已经得到大量的证实和广泛的认同。其改良过程是用生物炭与生物质废弃物（粪便和骨头等食余发酵的有机肥）混合，经微生物发酵转化，形成类似生物炭-有机肥的基质。

  本书综合归纳了国内外关于生物质改良剂对土壤改良效应的相关研究，并分析了研究发展趋势。生物炭技术和堆肥技术等都可以有效利用农业废弃物，具有广阔的应用前景。在深入分析生物质改良剂在退化土壤修复和改良效应的基础上，仿效亚马孙"黑土"的土壤改良经验，引入研究实例，详细分析了生物炭和有机肥的施加对土壤理化性质的联合作用及其机制，并构建了土壤微生物群落与土壤改良剂及作物之间的关系，探讨了生物炭和有机肥联合施加对土壤生态系统恢复的作用机制，以期促进退化土壤的生态修复与农业可持续利用。

  本书获长春师范大学学术专著出版基金资助。书中的部分内容也是国家自然科学基金（31200419）和吉林省科技厅中央引导地方科技发展项目（202002048JC）的研究成果。本书的完成要特别感谢求学路上的各位导师和前辈的教导。感谢许振文、卢冠军、张丽辉、邱天等老师在各个阶段给予的帮助和支持。

  限于水平，本书难免有不当之处，恭请各位读者和专家批评指正。

作　者

2021 年 9 月

目　　录

第1章 绪　论

人类的工农业生产活动、资源开采以及城市扩张是对生态系统产生影响的主要因素（Hannah et al.，1995），人类对土地的不合理及粗放式利用引发了土地的退化问题，对退化土壤进行合理有效的修复和改良是目前面临的重要课题。土壤改良剂能有效改善土壤理化性质以及养分元素状况，作用于土壤微生态环境，进而提高土壤的生产力。关于土壤改良剂的研究和应用对防治土壤退化、提高土地生产力具有重要的理论和现实意义。

土壤改良剂按其原料来源可分为天然改良剂、合成改良剂、天然-合成共聚物改良剂和生物改良剂。其中，天然改良剂包括无机物料和有机物料。目前，土壤改良剂的施用量、施用方式、施用时间还没有统一的标准，部分土壤改良剂存在产生二次污染的问题，此外单一土壤改良剂存在改良效果不全面或有不同程度的负面影响等情况。以天然材料（特别是工农业废弃物）为原料研制新型多功能土壤改良剂进行退化、低产土壤的改良是目前土壤改良剂研究的热点。将不同改良剂配合施用，特别是生物改良剂与工农业废弃物配合施用可能会产生更好的效果，但不同改良剂配合施用的方法、改良效果和改良机理有待进一步研究。同时，如何加强土壤改良剂对土壤物理、化学、生物学特性的改良也是研究者应关注的问题（陈义群和董元华，2008）。

在南美洲亚马孙地区，有 350 多公顷的前哥伦比亚时期形成的类似黑土的改良土壤，被称为亚马孙"黑土"（*Terra preta de Indio*），由于有机质和养分元素（如氮、磷、钙等）含量高，其肥效持续时间长。亚马孙"黑土"的改良过程是用炭化有机质材料与生物质废弃物（粪便和骨头等食余发酵的有机肥）混合，经微生物发酵转化，形成类似生物炭-有机肥的基质（Glaser，2007）。

1.1　生　物　炭

"黑土"形成的关键是炭化有机材料（如 biochar，有机质含量大于 35%）的大量施入。"biochar"是"bio-charcoal"的简写，在 2007 年澳大利亚召开的第一届生物炭研究和应用国际会议上得到了统一的命名。国内将其译为生物炭、生物质炭、生物质焦等，大多译为生物炭，为方便起见，本书统一采用"生物炭"一词。生物炭是有机物质（含碳的植物组织，如农业废弃物、枯枝落叶）在高温下缺氧燃烧（炭化）的产物（Preston and Schmidt，2006；Schmidt and Noack，2000）。生产条件（如温度、时间、压力和原料类型等）的不同决定了不同产物的含量和特征不同。生物炭是粉状颗粒化的木炭，是活性炭的生产原料之一，三者在性质和特征上具有相似性，均属于黑炭。黑炭涵盖了生物质从略微炭化到燃烧后黑烟颗粒的炭化物质。一般认为，黑炭是有机物不完全燃烧产生的具有较高热稳定性的焦炭（char）、木炭（charcoal）、烟灰（soot）和高度聚集的多环芳烃物质。当温度低于 600℃时，产生的主要是木炭，颗粒的粒径在 2～500μm；当温度高于 600℃时，产生的主要是黑炭，多以球粒状态存在，粒径一般小于 1μm（张红文等，2013）。目前为止，还没有明确生物炭的化学组成。Fischer 和 Glaser（2012）认为，它应该是指在连续的裂解过程中形成的一类化合物（图 1-1）。因此，需要对生物炭有一个范围界定。Schimmelpfennig 和 Glaser（2012）根据 100 种不同原料和生产条件

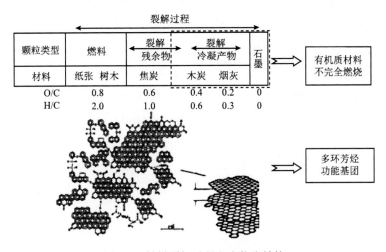

颗粒类型	燃料	裂解残余物	裂解冷凝产物		石墨
材料	纸张 树木	焦炭	木炭	烟灰	
O/C	0.8	0.6	0.4	0.2	0
H/C	2.0	1.0	0.6	0.3	0

图 1-1　材料裂解过程和生物炭结构

生产的生物炭样品，建议生物炭的氧碳比（O/C）小于 0.4，氢碳比（H/C）小于 0.6。生物炭有机部分具有较高的含碳量，主要由芳香类化合物构成。当这些碳环层状结构之间排列得很整齐时，则称为石墨，但是在温度不是很高的情况下形成的仍是生物炭，不会有石墨的形成（张红文等，2013）。

生物炭含碳率高、孔隙度高、比表面积大、理化性质稳定（图 1-2 和图 1-3）。生产生物炭的材料可以是农业废弃物、森林废弃物或锯末等富含碳的植物质。而且不同材料生产的生物炭，其理化性质存在很大的差异。热解中的高温促使给料中的聚合分子产生芳香族和脂肪族化合物，从而产生一种稳定的大气二氧化碳潜在吸收剂和有益土壤的改良剂（Lehmann，2007）。黑炭的强稳定性使其在土壤中能稳定存在 100 年到上千年，而不被微生物降解。

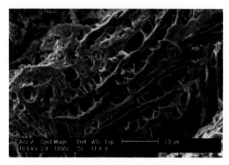

图 1-2　具多孔的花生壳生物炭扫描电镜照片（Kammann et al.，2011）

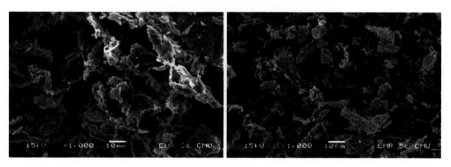

图 1-3　竹子生物炭扫描电镜照片（Schneider et al.，2011）

工业上生产的炭质产品种类很多，不同生物质材料以及炭化条件不同，使得对生物炭的界定较困难。目前仍没有一个明确的标准来区分生物炭和其他类似的炭化材料，由于所有这些物质都是从加热富含碳的物质获得的，它们之间的差异较小。表 1-1 比较了常见炭化材料的生产条件及内涵（孙航等，2016）。

表 1-1　常见炭化材料的生产条件及内涵

名称	生产条件	内涵
生物炭（biochar）	300～800℃	强调生物质原料来源以及在农业、环境科学中的应用。主要用于土壤肥力改善、碳汇增加及污染环境修复等
活性炭（activated charcoal，AC）	高温，一般>500℃	制作过程中为增强表面特性采用物理化学手段（如高温气体或化学药剂）活化的高比表面积、高吸附特性的疏松多孔性物质，常用于受污染环境的修复、环境工程处理等方面（Boehm,1994；Hilber et al.，2009；Tomaszewski et al.，2007）
木炭（charcoal）	一般<600℃	制作过程和性质特点与生物炭相似，多使用木头、煤炭作为原料（Demirbas，2004），应用于燃料、工业热炼、除臭脱色的生物质热解残渣，具有高热值和高比表面积（Lehmann et al.，2009；Okimori et al.，2003）
黑炭（black carbon）	一般>600℃	泛指各类有机质不完全炭化生成的残渣，包括炭黑、生物炭、活性炭、焦炭等各种炭化材料（Schmidt et al.，2001；Masiello，2004）
焦炭（char）	森林火灾等自然火	泛指炭材料，尤其强调天然火在自然状态下烧制形成（Lehmann et al.，2009）
农业炭（agrichar）	300～800℃	强调用于农业土壤改良、作物增产的炭化材料，可认为是生物炭在农业科学的特定称谓（Gaunt and Lehmann，2008；Renner，2007）

近年来，随着粮食安全、环境安全和固碳减排需求的不断发展，生物炭的内涵逐渐与土壤管理、农业可持续发展和碳封存等相联系（陈温福等，2013）。生物炭主要由芳香烃和单质碳或具有类石墨结构的碳组成，一般含有 60%以上的碳元素（表 1-2），含有的其他元素主要有氢、氧、氮、硫等（Goldberg，1985）。生物炭的元素组成与制炭过程中的炭化温度密切相关，具体表现为在一定范围内，随炭化温度的升高，碳含量增加，氢和氧含量降低，灰分含量也有所增加（Schmidt and Noack，2000）。生物炭的可溶性极低，熔沸点极高，具备极强的吸附能力和抗氧化能力。在制炭过程中，原料的细微孔隙结构被完好地保留在生物炭中，使其具有较大的比表面积。生物炭的多孔性、巨大比表面积及羧基基团赋予生物炭强吸附能力，使其具有较大的阳离子交换量（cation exchange capacity，CEC）。与生物炭性质的不均一性相比，生物炭的 pH 波动相对较小，大部分为中性或偏碱性。Chan 和 Xu（2009）综述了不同材料生产的生物炭的 pH，发现其值在 6.2～9.6，均值为 8.1。低 pH 的生物炭多由植物残体和树皮为原材料制得；较高 pH 的生物炭由牲畜粪便为原材料获得。含碳率高、孔隙结构丰富、比表面积大、理化性质稳定是生物炭固有的特点，也是生物炭能够还田改土、提高农作物产量、实现碳封存的重要结构基础（陈温福等，2013）。

表 1-2　几种典型生物炭的理化性质

类型	含水量/%	pH	EC / (mS/cm)	TOC /%	TN / (g/kg)	C/N	文献
小麦秸秆炭	2.82	8.80	1.02	64.51	5.60	115.20	（Awasthi et al.，2017）
	—	8.40	—	53.00	27.00	19.60	（David and Richard，2015）
水稻秸秆炭	3.09	8.73	0.95	67.12	6.20	108.25	（Awasthi et al.，2017）
	9.80	10.3	4.39	37.80	1.66	22.77	（Cao et al.，2017）
锯末炭	3.12	8.85	0.89	65.02	5.50	118.21	（Awasthi et al.，2017）
芒果叶炭	2.89	8.82	1.07	62.86	6.00	104.76	（Awasthi et al.，2017）
花生种皮炭	3.05	8.78	0.86	64.75	5.20	124.51	（Awasthi et al.，2017）
花生壳炭	—	10.1	3.00	67.40	13.00	51.80	（Xu et al.，2015）
蔗渣炭	2.89	8.45	0.95	65.61	5.40	121.50	（Awasthi et al.，2017）
玉米皮炭	3.20	8.89	0.98	61.08	5.80	105.31	（Awasthi et al.，2017）
城市垃圾炭	2.86	8.94	0.95	62.58	5.10	122.70	（Awasthi et al.，2017）
大豆叶炭	3.12	8.91	0.89	67.02	4.80	139.62	（Awasthi et al.，2017）
竹子生物炭	3.01	8.88	1.94	63.71	5.60	113.76	（Awasthi et al.，2017）
树叶炭	2.98	8.85	0.92	64.20	6.00	107.00	（Awasthi et al.，2017）
卷心菜叶炭	2.95	8.82	1.01	65.75	5.60	117.41	（Awasthi et al.，2017）
马铃薯叶炭	2.97	8.87	0.96	62.78	5.30	118.45	（Awasthi et al.，2017）
胡萝卜叶炭	2.925	8.83	0.89	64.23	5.00	128.46	（Awasthi et al.，2017）
番石榴叶炭	2.98	8.92	0.92	62.82	5.50	114.21	（Awasthi et al.，2017）
椰壳炭	2.96	8.96	0.91	65.27	5.60	116.55	（Awasthi et al.，2017）
鸡粪炭	—	7.80	—	38.0	15.00	25.33	（David and Richard，2015）

注：EC(electric conductivity)表示土壤电导率，TOC(total organic carbon)表示土壤总有机碳，TN(total nitrogen)表示土壤总氮，C/N 表示土壤碳氮比，全书同

1.2　有　机　肥

有机肥是富含有机质的原料经过多种微生物分解和发酵后的产物。经过微生物作用的堆肥产物中的致病菌和植物种子可以得到有效清除，因此，利用堆肥技术可以有效地将有机废弃物转化为相对稳定的腐殖质，经堆肥后的有机肥可以作

为土壤改良剂或有机肥料（Wu et al.，2017）。有机肥的使用有着悠久的历史（Akhter et al.，2015），但是关于堆肥的生物学过程的科学研究在近几十年才见报道。

堆肥方式有多种，根据需要可以使用小型的家用反应器，中型的在农田使用的反应器，也可以使用大型的可进行规模化生产的仪器。但是，不管哪种工艺技术，堆肥基本的生物、化学和物理学性质都是一样的。堆肥过程中需要考虑的因素有堆肥材料的选择和调整、堆肥基质的降解能力、湿度的控制、空气含量、能量平衡以及分解和稳定过程等（Fischer and Glaser，2012）。

有机肥的堆肥过程可以分为四个阶段：中温—高温—降温—腐熟。每一阶段持续的时间与原料的配比、含水量、孔隙度、微生物种群的质量和组成有关（Neklyudov et al.，2006）。在中温阶段，富含活性有机碳的基质被喜中温环境（一般 15～40℃）的细菌、放线菌和真菌快速代谢。由于需要氧气的参与，此过程产生热。将堆肥材料进行翻拌可以暂时降低其温度，但翻拌后使微生物可利用的材料增加，加速了分解过程，使温度再次升高。在高温阶段，温度能升高到 40℃以上，主要菌群是放线菌和嗜热细菌，如芽孢杆菌。当材料中的易利用碳减少后，温度逐渐降低，进入降温阶段。真菌继续分解剩余的、较难降解的木质素和纤维素。放线菌对分解和冷却反应中腐殖酸的产生起重要作用。最后的腐熟阶段温度降到 25℃以下，好氧微生物的氧气摄取率降低。此阶段难降解的有机物质继续被分解，而且，中型和大型土壤动物开始参与进来。此阶段的微生物能够代谢植物性毒素，对有机肥的熟化和植物病原菌的抑制有益。因此，最后一阶段能够提高有机肥的质量。腐熟后有机肥的碳氮比为 15～20，pH 较高。肥料中含有大量的植物可利用的 NO_3^- 以及有机碳等养分（表 1-3）。此外，肥料的气味也大大降低。最重要的是，原料的有机质稳定化，含有大量稳定的碳质化合物。因此，有机肥施用后，能影响土壤生物、化学和物理性质以及土壤的可持续利用途径。

1.3　炭　基　肥

施加生物炭对土壤理化性质也可能无影响或产生负面影响（Busscher et al.，2010）。生物炭中的碳多为高分子芳香结构，较难被植物直接吸收，使其供作物直接吸收的养分含量很少，单独施加可能不会很大程度上提高特定土壤的养分元

表 1-3 几种典型有机肥的理化性质

类型	含水量/%	有机质/%	TOC/(g/kg)	TN/(g/kg)	C/N	pH	EC/(mS/cm)	$C_{NH_4^+-N}$/(mg/kg)	$C_{NO_3^--N}$/(mg/kg)	TP/(g/kg)	TK/(g/kg)	资料来源
市政固体废弃物	42.1	48.6	252	17	16.4	5.9	10.9	2100				(Alluvion et al., 2010)
生物废弃物		36.2	181	19	9.5	8.5						(Annabi et al., 2007)
生活垃圾	36.2	38.3	192	15	12.8	6.8	0.5					(Vaz-Moreira et al., 2007)
蚯蚓粪	9.5	31.4	157	13	12.1	6.5	8	70				(Vaz-Moreira et al., 2007)
绿肥	37.9		291	0.8	38.3			41	135			(Dalal et al., 2009)
绿肥+污泥		48.5	242	24	10.1	6.6						(Annabi et al., 2007)
污泥	59.6	52.6	319	28	18.1	4.8	6.5	1030	51.5	13	19	(Ahmad et al., 2008)
农家肥	36.2		210	11	19.1	8		40	120	5	5	(Badr et al., 2000)
饲养场粪便	28.2		313	2.6	12			4.2	0			(Dalal et al., 2009)
家禽粪便	24.7	46.8	279	33.9	8.4	8.3	9.2	2900		6.0	40	(Ahmad et al., 2008)
牛粪		25.2	225	18	13.4	7.6	8	32.5	946.5	8.0	29	(Ahmad et al., 2008)
猪粪	35.0		176	10.1	17.4	7.4	3.2					(Cao et al., 2017)
鸡粪			192	27.1	7.1	9.22	11.6					(Ye et al., 2016)

注: NH_4^+-N 表示铵态氮质量浓度; NO_3^--N 表示硝态氮质量浓度; TK 表示总钾质量浓度

素含量，若施加量较大，不仅成本高，而且破坏土壤中原有的生物群落组成，因此通常作为土壤改良剂施加。生物炭对营养元素和水分的保持能力较强，利用这一特点，将一定比例的生物炭与其他有机或无机肥料联合施用在提高土壤肥力以及养分持留上的效果更好（Ippolito et al.，2016）。

　　生物炭基复合肥（biochar-mineral complex，BMC）是以生物质炭为基质，与碎石、黏土和矿质材料一同烘干（温度<240℃）形成，此过程仿效亚马孙"黑土"中团聚体的形成过程。此生产 BMC 的过程可以保存土壤中 73%的总氮，将有机质原材料中的氮合成为具有杂环结构的氮化合物，使其结构更稳定，并缓慢释放（Lin et al.，2013）。BMC 的阳离子交换能力很强，其中矿物质成分的添加，增强了生物炭中有机质成分的稳定性，使其能在土壤中存留 150 年左右。BMC 可以增强土壤中的养分可利用性和促进土壤对碳的吸收，影响养分循环，进而促进植物生长。与传统肥料相比，较低添加量的 BMC 也可以改变土壤中的细菌群落。细菌在土壤养分循环及其与植物的相互关系中起重要作用，因此，BMC 的施用能直接或间接影响农业生产（Ye et al.，2016）。

　　目前，根据不同地域土壤、作物生长特点及科学施肥原理，国内已经开发出添加不同有机质或/和无机质配制而成的生态环保型肥料。其主要有三种类型，即炭基有机肥、炭基无机肥和炭基有机无机复合肥，如竹炭生物有机肥、竹炭土壤改良剂、竹炭复合微生物肥料、碳能生物菌肥、液态碳肥等产品。主要作用是补充植物所需的碳元素，改善土壤的团粒结构，提高土壤保水保肥的能力，提高肥料利用率。将生物炭与不同的有机或无机原料混合发酵后的改良剂可以提供合适的碳氮比、含水量、孔隙度以及养分组成等。富含氮素的原料容易降解，形成易变的有机质库，可以作为土壤微生物易利用的食物来源，促进微生物的分解作用。此外，木质素较多较难分解的材料，形成土壤稳定的有机质库，对土壤改良和碳吸收产生积极作用。

第 2 章　生物炭和有机肥与土壤理化性质

土壤性质及生态组成在很大程度上影响植物的生长发育以及农业生产措施的效果，是土壤肥力构成的一个重要指标（张红文等，2013）。改良剂的施用可以在短时间内改善土壤的理化性状，提高土壤的生物可利用性。

2.1　生物炭与土壤理化性质

2.1.1　生物炭与土壤物理性质

生物炭施入土壤后，可降低土壤容重，增加土壤孔隙度（Oguntunde et al.，2008），提高土壤含水量、持水量（Asai et al.，2009；Dugan et al.，2010；Glaser et al.，2000）以及土壤团聚体稳定性，降低土壤张力（Busscher et al.，2010）等，有利于改善土壤的物理性状。从土壤类型来看，生物炭对砂质土壤持水量的促进作用较强（Dugan et al.，2010）。生物炭的吸湿能力比其他土壤有机质高 1～2 个数量级（Accardi-Dey and Gschwend，2002）。一般认为，生物炭对土壤物理结构（Novak et al.，2009）、土壤紧实度等（Steiner et al.，2008a）性状的改良以及对土壤水分的影响与生物炭本身所具有的多孔结构和吸附能力有关（Ogawa et al.，2006；Yu et al.，2006）。

生物炭能成为团聚体形成中的有机质黏结剂，易于改善砂质土壤的持水力（water holding capacity，WHC），生物炭比表面积（通常为 $200\sim400\mathrm{m}^2/\mathrm{g}$）比砂质土比表面积（砂粒比表面积为 $0.01\sim0.1\ \mathrm{m}^2/\mathrm{g}$）大上千倍（Dugan et al.，2010）。Tammeorg 等（2014）研究了生物炭对芬兰北部一种砂质壤土理化性质的影响，发现生物炭的施加增加了土壤水分含量，特别是在作物的生长后期。Busscher 等

（2010）研究了核桃壳生物炭对美国东南海岸沙化土壤的影响，发现生物炭的施加降低了土壤入渗阻力，而且影响着土壤团聚体稳定性和持水力，未经活化的生物炭可以改善土壤的理化性质。生物炭的持水性能与土壤质地有关，也受生物炭自身结构与吸湿能力的制约（陈温福等，2013）。Dugan 等（2010）用锯末和玉米秸秆制成三种生物炭，研究其对加纳三种不同类型土壤物理性质的影响，结果发现，与不加生物炭的对照相比，生物炭施加后三种土壤的持水力均有所增加，而且生物炭施加比例对 WHC 的影响不明显，三种土壤中，生物炭对砂质土壤的持水力促进作用最强。

2.1.2　生物炭与土壤化学性质

由于生物炭是由含碳丰富的生物质材料生产的，含碳丰富，可改良和培肥土壤，增加土壤对碳的吸收（Liang et al.，2006），提高土壤有机碳含量和土壤碳氮比（Xu et al.，2015），进而提高土壤对氮素及其他养分元素的吸持容量，改善土壤肥力水平（Novak et al.，2009；Lehmann et al.，2003；Glaser et al.，2002）。Xu 等（2015）研究了不同比例的花生壳生物炭施加对澳大利亚两种土壤理化指标的影响，经过两年实验发现生物炭施加可以增加土壤碳氮比和总氮、总碳含量，降低土壤中放射性同位素（$\delta^{15}N$）的含量（表 2-1 和图 2-1）。

表 2-1　不同比例生物炭施加对土壤 TC、TN、C/N 和 $\delta^{15}N$ 含量的影响（Xu et al.，2015）

生物炭施加比例/%	TC		TN		C/N		$\delta^{15}N$/‰	
	实验前	实验后	实验前	实验后	实验前	实验后	实验前	实验后
红壤 0	1.60	1.66d*	0.123	0.127d	13.0	13.4c	8.19	7.37a
0.375	1.84	1.95d	0.127	0.128cd	14.5	15.3cd*	7.91	6.76a*
0.750	2.09	2.10d	0.132	0.128cd	15.9	16.4d	7.65	6.56a*
1.50	2.58	2.71c	0.141	0.136c	18.4	19.9c	7.19	5.99a
3.00	3.57	4.04b	0.158	0.161b	22.6	25.0b	6.41	4.33b
6.00	5.55	5.60a	0.194	0.191a	28.7	29.3a	5.29	3.50b*
变性土 0	1.08	1.17c*	0.051	0.061e*	21.3	19.2f**	2.27	2.21a
0.375	1.33	1.40dc	0.055	0.063de*	23.4	22.1e*	2.16	2.20a
0.750	1.58	1.72d	0.060	0.070cd*	26.2	24.7d	2.06	1.45b
1.50	2.07	2.13c	0.069	0.076c*	29.9	28.0c	1.91	0.96c
3.00	3.07	2.69b	0.088	0.087b	34.8	30.6b*	1.71	1.70b
6.00	5.06	5.05a	0.126	0.132a*	40.3	38.4a*	1.48	1.26bc

注：生物炭施加比例为质量比；不同小写字母表示不同生物炭施加比例之间差异显著（$P<0.05$）
*表示实验前后土壤指标之间差异显著，**表示实验前后土壤指标之间差异极显著

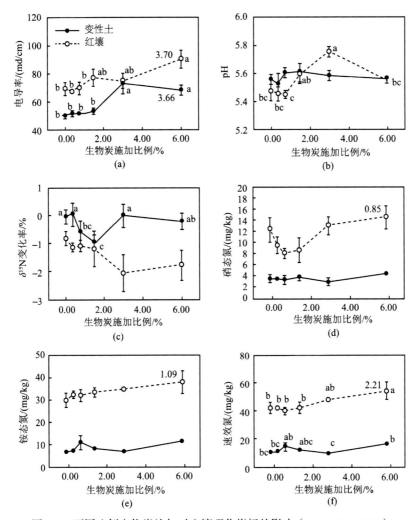

图 2-1　不同比例生物炭施加对土壤理化指标的影响（Xu et al.，2015）

　　生物炭作为土壤改良剂添加到土壤中，通过吸收土壤养分、中和酸性土壤、提高持水量和土壤通气性而增强土壤肥力，通过影响土壤理化性质而改变土壤营养可利用性（Tryon，1948）。由于生物炭本身含有 Ca^{2+}、K^+、Mg^{2+} 等盐基离子，其进入土壤后会有一定程度的释放，交换土壤中的 H^+ 和 Al^{3+}，从而降低其浓度，提高盐基饱和度并调节土壤 pH（Zwieten et al.，2010）。一般情况下，随着生物炭施用量的增加土壤 pH 也会提高（Laird et al.，2010）。同时，生物炭本身含有丰富的官能团，施入土壤后使土壤电荷总量增加，阳离子交换量提高（Laird et al.，2010），且土壤阳离子交换量随施炭量的增加而增加（Asai et al.，2009），但作用程度与土壤类型、原材料以及制炭工艺等有关（Yuan et al., 2011；Gaskin et al., 2008）。生物炭的表面氧化能力及其表面阳离子吸附能力的提高可能是提高土壤阳离子交换量的主要原因（Gaskin et al., 2008）。

生物炭本身由于养分含量很低，供作物直接吸收的养分很少，通常作为土壤改良剂和土壤肥料施加。生物炭作为土壤改良剂，在各种生物或非生物因素的交互作用下，通过提供和保持土壤营养成分，改善土壤理化性状从而促进植物生长（Haefele et al., 2011；Zwieten et al., 2010）。生物炭除了可以将养分元素直接释放来维持农业可持续性以外，还可以提高土壤对营养元素的保持能力（Lehmann et al., 2006）。许多研究显示，生物炭的施加可以提高土壤肥力及肥料的利用率（Kolb et al., 2009；Robertson and Thorburn, 2007），主要原因是生物炭对NH_4^+、PO_4^{3-}有很强的吸附能力（Steiner et al., 2007），同时生物炭可以为植物生长提供氮源以及作为土壤磷的缓释剂，从而减少土壤养分的流失。这有助于土壤磷素从土壤表层渗入地下水的砂土中。而且，农田土壤中施加生物炭可以对硝酸盐起到固持作用，减少了土壤面源污染（Bridle and Pritchard, 2004）。生物炭吸持养分离子、持肥缓释的作用已经得到大量试验证明。可以认为，尽管生物炭对不同种类的离子吸附能力存在差异，但当土壤中存在一定数量的生物炭时，有助于土壤肥力的提高（Glaser et al., 2001）。

也有研究表明，施加生物炭对土壤理化性质无影响，或产生负面影响。如 Busscher 等（2010）研究发现，生物炭没有增加土壤团聚体稳定性和水分入渗率。

2.2　有机肥与土壤理化性质

有机肥是富含有机质的原料经好氧微生物发酵后的产物，堆肥可以有效地将有机废弃物转化为相对稳定的腐殖质，而且堆肥后土壤中的致病菌和植物种子可以得到有效清除，因此，经堆肥后的有机肥可以作为土壤改良剂或有机肥料（Wu et al., 2017），有机肥的使用有着悠久的历史（Akhter et al., 2015）。

2.2.1　有机肥与土壤物理性质

由于有机肥的密度低于土壤，其施加可以有效减小土壤密度，从而改善土壤结构，降低土壤容重（Kong et al.，2005）。这一效应与土壤中有机和无机颗粒物质相互作用产生较多的孔隙有关。有机肥的施加可以增强土壤团聚体稳定性。通常来说，土壤结构与土壤颗粒、团聚体和孔隙度的大小和分布有关。固态的土壤颗粒以及土壤孔隙的体积影响气体平衡以及根系穿透能力。有机肥的施加对黏土和砂土团聚体稳定性的增强作用较显著。其促进效应可能是由于增加了腐殖化的、新鲜的、低分子的有机质促进团聚体的形成而产生的。土壤中的大团聚体的稳定性主要与真菌菌丝、细根以及根毛有关，小团聚体的稳定性与易降解的多糖类物质有关。因此，随着时间的推移（几年到几千年），多糖类物质降解后的化合物对小团聚体稳定性的增加作用越来越强（Kong et al.，2005）。从此方面看，惰性有机化合物的芳香结构通过与黏土矿物建立多价阳离子桥而对粒径为 $2\sim20\mu m$ 和 $20\sim250\mu m$ 的团聚体的稳定性产生重要的作用（Tisdall and Oades，1982）。除了黏土矿物和氧化物外，植物的细根、菌丝网以及根系和微生物分泌的多糖类物质也对大团聚体的形成产生作用。土壤的团聚结构和孔隙使土壤的活性表面积增加，为土壤中的养分提供了储存和交换场所。此表面积越大，土壤动物、微生物和根毛之间的相互作用越强，越容易促进土壤的发育和成熟。

有机肥的施加可以增加土壤孔隙和水力传导率。有机肥往往呈现黑色，其对光的吸收作用强，反射作用弱。因此，施加有机肥后的土壤对光的吸收作用强于未施有机肥的浅色土壤。这将促进种子的萌发，在春季的作用最明显（Carter et al.，2004）。此外，有机肥可以增加大田土壤的容水量（Evanylo et al.，2008）、改善土壤孔隙结构、促进土壤中的气体平衡和水热平衡（Diacono and Montemurro，2010），同时，有机肥施加后通过对土壤物理结构的改善，团聚体稳定性的增强而使土壤渗透作用增强，从而减少了土壤的侵蚀和表土流失（Fischer and Glaser，2012）。

2.2.2　有机肥与土壤化学性质

人类对土壤的干扰（如耕作或放牧）通常会影响土壤有机质库（McLauchlan，2006）。有机肥施加到土壤后，通常能通过增加土壤有机碳（Gabrielle et al.，2005）、土壤可利用氮、磷和微量营养素（如铁、铜、锌）（Wortmann and Walters，2007；

Hargreaves et al., 2008), 促进土壤的养分平衡以及增加土壤阳离子交换量、土壤缓冲容量从而提高土壤肥力 (Abiven et al., 2009; Naeini and Cook, 2006), 并可以调节土壤 pH (Ouédraogo et al., 2001), 作为土壤的中和剂 (Mkhabela and Warman, 2005)。

有机肥可以提高土壤的营养水平。有机肥中含有大量的氮、磷、钾、钙、镁和硫等植物养分元素和微量元素，因此，也可以称作有机复合肥料。有机肥的养分含量和化学性质，如碳氮比、pH 和电导率等主要化学性质指标与其原料以及发酵条件有关。而有机肥调节土壤性质的间接作用甚至超过其本身提供养分元素的直接作用 (Fischer and Glaser, 2012)。有机肥的养分元素不会在短期内被植物全部利用，这样一方面使肥效的计算以及养分平衡的评估很困难，另一方面，由于有机肥对植物养分元素的缓慢释放，肥效会持续更长的时间。因此，与可溶性的速效化肥相比，有机肥可以减少养分元素的流失。

有机肥可以增加土壤 CEC, CEC 是评估土壤肥力的重要指标，其利于养分元素的保持以及可以防止阳离子进入地下水。有机肥施加后，由于稳定的有机质的输入而增加了 CEC, 土壤有机质能产生 20%～70% 的 CEC。有机肥可以增大土壤 pH, 促进土壤的石灰效应以及提高土壤缓冲能力。土壤 pH 对植物生长和作物产量至关重要，许多植物和土壤生物都喜欢弱酸、弱碱或中性土壤环境，土壤的酸碱性影响土壤生物的活性。而且，pH 也会影响土壤中养分元素的可利用性。由于含有丰富的碱性阳离子，如 Ca^{2+}、Mg^{2+} 和 K^+ 等，有机肥施加后产生石灰效应，使土壤 pH 保持不变或增大 (Ouédraogo et al., 2001)。仅有少数研究中发现有机肥施加使土壤 pH 降低。

2.3 生物炭和有机肥联合施加对土壤理化性质的作用

已有研究显示，生物炭和有机肥都可以作为土壤团聚体形成的黏结剂 (Oguntunde et al., 2008; Anna et al., 2002), 促进土壤团聚体的形成，提高土壤结构的稳定性，同时，它们对团聚体形成的作用机制不同。亚马孙"黑土"的磷、钙、锰、锌等元素含量要比其附近的其他土壤中高很多，土壤养分的淋失也更少 (Lehmann et al., 2003)。目前有一些学者仿效亚马孙"黑土"的研究方法 (图 2-2), 将生物炭与不同的有机或无机原料混合发酵，生产的改良剂可以提供合适的碳氮比、含水量、孔隙度以及养分组成等。富含氮素的原料容易降解，形成易变化的有机质库，可作为土壤微生物易利用的食物来源，促进微生物的分解作用。其形成的木质素较多的较难分解的材料，形成土壤稳定的有机质库，对土壤改良和碳吸收产生积极作用。

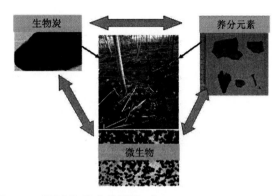

图 2-2 "黑土"形成的原理 （Fischer and Glaser，2012）

　　向土壤中同时施入生物炭和有机肥两种改良剂，二者协同更能增强有机肥的效用，增加可溶性有机碳的含量以及碳的吸收和固定（Beesley and Dickinson，2011），同时施加生物炭后，可以减少有机肥中的氮和其他养分元素的淋失（Naeini and Cook，2006），增加有机肥的 CEC、表面积和纳米孔隙度（Hua et al.，2009）。Glaser 等（2002）发现与单独施加生物炭或有机肥相比，二者的混合添加对提高植物对养分的利用率、增强碳吸收、提高作物产量效果更佳。Laird 等（2010）对施用猪粪的温带耕种土壤进行了测试，结果表明，由于生物炭可以吸收磷元素，添加生物炭明显降低了土壤磷元素的淋失。而且生物炭还会影响有机肥中有机质的腐殖化过程、堆肥有机质的发酵过程、微生物生物量、微生物群落结构等（Dias et al.，2010；Jindo et al.，2012a），进而对土壤肥力产生影响。Schulz 和 Glaser（2012）发现单施有机肥的处理较单施生物炭和生物炭与有机肥混施的处理作物产品高，而生物炭和有机肥混施显著增加了土壤总有机碳含量（图 2-3）。Celik 等（2004）测定了无机肥、有机肥及菌根接种处理对地中海酸性土壤物理性质的影响，发现菌根+有机肥的处理比无机肥处理在改善土壤物理性状方面更有效，菌根+有机肥对土壤物理性状的影响主要是正向的。Caravaca 等（2002，2003）研究了有机肥和菌根接种在半干旱土壤修复中产生的短期和中期影响，发现植物初级生产力的急剧升高很有可能是由于有机肥残渣的生物可利用性磷和菌根真菌磷吸收之间的非生物-生物连接关系。

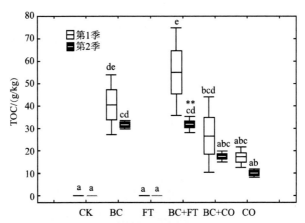

图 2-3　不同处理两个生长季后土壤总有机碳质量分数（Schulz and Glaser，2012）

CK 表示对照，BC 表示生物炭处理，FT 表示施加化肥处理，BC+FT 表示生物炭和化肥联合施加处理，BC+CO 表示生物炭和有机肥联合施加处理，CO 表示施加有机肥处理。不同字母表示处理间差异显著，**表示第 1 季和第 2 季之间差异显著（$P<0.05$）

2.4　生物炭和有机肥对土壤理化性质的影响实例

2.4.1　研究区概况

选取松嫩平原腹地的吉林省西部地区为研究区，此地区为生态环境相对脆弱的半湿润向半干旱的过渡区，地理坐标为 121°40′E～126°20′E，43°56′N～46°18′N。西与内蒙古草原相接，东南分别与吉林省长春市、四平市相邻。地势西北高、中间低、中南略为隆起，包括松嫩沙地南部和科尔沁沙地东部。行政范围包括白城市（洮北区）、大安市、洮南市、通榆县、镇赉县、扶余市、长岭县、前郭县、乾安县和松原市（宁江区）10 个市（县），总面积约 470 万 hm²，占全省总面积的 25%（图 2-4）。地处中温带（年均温约为 5.1℃），年降水量在 370～470mm，四季分明。据全省第二次土壤普查资料，该地区土壤共含 8 个土类，15 个亚类，20 个土属，59 个土种。其中，黑钙土、淡黑钙土、草甸土、风沙土和碱土为主要土类。风沙土和砂质黑钙土主要分布于大安市南部和中部的沙岗地及二级阶地上，是沙化土地形成的主要土类。

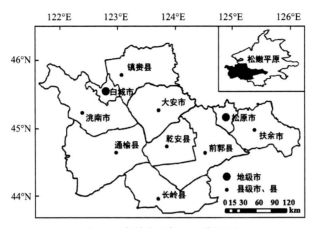

图 2-4 吉林省西部地区范围图

2.4.2 材料与方法

选取吉林省西部大安市舍力镇为实验区域，进行中等规模的大田实验。此地区为半干旱半湿润气候的过渡带，年均降水量约为 400mm，土壤属于淡黑钙土型风沙土，受试土壤中中砂（0.25～1.00mm）占 20.05%，细砂（0.05～0.25mm）占 63.61%，粉砂（0.001～0.05mm）占 9.72%，黏粒（<0.001mm）占 6.62%。总有机碳质量分数为 3.61g/kg，速效氮质量分数为 34.92mg/kg，速效磷质量分数为 2.33mg/kg，速效钾质量分数为 83.80mg/kg，电导率为 91.5μS/cm，pH 为 8.75。所用生物炭由辽宁金和福农业科技股份有限公司提供，为玉米秸秆炭，总有机碳质量分数为 657.80g/kg，总氮质量分数为 9.20g/kg，总磷质量分数为 9.80g/kg，总钾质量分数为 12.30g/kg，比表面积为 1.33m²/g，pH 为 8.82。有机肥来自当地的牲畜粪便（牛粪），堆肥后使用，总有机碳质量分数为 226.80g/kg，总氮质量分数为 24.50g/kg，总磷质量分数为 8.90g/kg，总钾质量分数为 14.30g/kg。供试作物种子为绿豆（*Vigna radiata*）、谷子（*Setaria italica*）和红小豆（*Vigna angularis*）。

1. 实验方案

实验区土地平整后采用随机区组实验，共五个处理：CK（对照，不施加改良剂）、BC（10t/hm² 生物炭）、CP（20t/hm² 有机肥）、BC_5+CP（5t/hm² 生物炭+20t/hm² 有机肥）、BC_{10}+CP（10t/hm² 生物炭+20t/hm² 有机肥）。每个处理重复三次，实验连续开展三年（2013～2015 年）。

每小区为 8m×8m 的方形区域，采取完全随机区组分布，小区间设置 1m 的隔离带降低边缘效应。每年春季播种前将土壤翻耕后，称取相应的改良剂施加入小区内，旋耕机旋耕三次，使改良剂与 15～20cm 厚的表层土壤混合均匀。于每年的春季播种作物（绿豆、谷子和红小豆），秋季收获（与当地农时保持一致）。绿豆和红小豆的播种行距为 60cm，株距为 16cm；谷子播种行距为 60cm，株距为8cm。后续两年在春耕播种前均施加相应的改良剂。

在不同生长期用土钻定点采集土壤样品（0～15cm 土层），五点法取样，混合后采用四分法取 500g 左右土样，标记带回，风干后用于各项土壤指标的测定；另用体积为 100cm³ 的环刀取土带回，用于土壤田间持水量和容重的测定。在秋季作物收获前用环刀取土用于土壤团聚体稳定性及土壤容重的测定。土壤指标年际变化分析的数据使用年内不同时期数据的均值进行计算。

2. 土壤理化指标的测定

土壤团聚体稳定性：风干后的土壤先过 6mm 土壤筛，除去大的颗粒和植物纤维等。采用湿筛法测定不同粒径（>2mm、 1～2mm、 0.5～1mm、0.212～0.5mm）土壤团聚体质量分数，并计算平均重量直径（mean weight diameter，MWD）（Barto et al.，2010），MWD 的大小反映团聚体稳定性的强弱，计算公式如下：

$$MWD = \sum_{i=1}^{n+1} \frac{r_i + r_{i+1}}{2} m_i \qquad (2\text{-}1)$$

式中，r_i 为第 i 个筛子的孔径（mm）；m_i 为第 i 个筛子上团聚体的质量分数。

土壤田间持水量：用环刀取土带回实验室后在环刀下垫一张 200 目的纱网，用网盖固定在环刀上，置于托盘中，给盘中倒水没过纱网，24h 后将环刀中的土壤取出，于网架上控水 6h 后，将环刀中的土转移到已知质量的铝盒中称重得到饱和持水量时的土壤质量 W_1。之后将铝盒放在烘箱中 105℃烘干至恒重，称重得到干土质量 W_2。土壤田间持水量计算见式（2-2）（Dugan et al.，2010）：

$$w = (W_1 - W_2) / W_2 \times 100\% \qquad (2\text{-}2)$$

其他指标：土壤质量含水量（water content，WC）采用重量法测定；土壤体积含水量的连续监测采用 HOBO H21-002 小型环境气象记录仪进行；土壤容重（bulk density，BD）采用环刀法测定；pH 采用 PHS-25 型酸度计测定（土：水为1：2.5）；电导率（EC）采用 DDS-307a 电导率仪测定（土：水为 1：2.5）；总有机碳（TOC）质量分数采用重铬酸钾外加热法测定；总氮（TN）质量分数采用凯氏定氮法测定；全磷（total phosphate，TP）质量分数采用高氯酸-钼锑抗比色法测定；速效氮（available nitrogen，AN）质量分数采用碱扩散法测定；速效磷（available phosphate，AP）质量分数采用碳酸氢钠提取-钼锑抗比色法测定；速效钾（available kalium，AK）质量分数采用火焰光度法测定；阳离子交换量（CEC）采用乙酸铵交换法测定；土壤微生物量碳（microbial biomass carbon，MBC）和微生物量氮（microbial biomass nitrogen，MBN）含量采用氯仿熏蒸-硫酸钾浸提-重铬酸钾容量法测定。

3. 数据处理与分析

采用 Excel 2016 软件整理数据，SPSS 16.0 软件对土壤理化指标及作物生长及产量性状指标数据进行差异显著性分析和多重比较，用 PCO 软件进行主坐标分析，采用 SigmaPlot 10.0 软件和 Illustrator CS6 软件作图。

2.4.3　土壤理化性质和养分的月际变化

1. 土壤理化性质的月际变化

土壤水分含量对沙化土壤的物理结构及化学性质有较强的影响，土壤化学性质可以反映出土壤中所含有的离子以及元素含量的变化，其随季节及植物的不同生长时期而出现相应的变化。

1）土壤水分

从土壤体积含水量连续监测的结果看（图 2-5），实验区土壤体积含水量年内

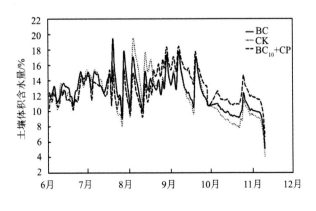

图 2-5　不同月份各处理土壤体积含水量

呈现先增后减的波动变化趋势，土壤含水量年内波动较大，特别是在降水量较集中的 7～8 月呈现较剧烈的波动。在 8 月初强降水后，土壤含水量出现显著升高，BC_{10}+CP 处理含水量增加最显著，可能由于改良剂的施加增强了土壤对水分的蓄积能力。生物炭和有机肥混合施加后土壤含水量增加，单施生物炭的效果不显著。在植物收获后的秋冬季节，土壤含水量显著降低，其中对照降幅最大，其次为单施生物炭的处理，而混合施加的处理土壤含水量降幅较小，由此可见，改良剂的施加有利于土壤对水分的保持。

2）土壤 pH

根据不同季节土壤 pH 的数据（表 2-2）可知，各处理土壤 pH 在 8.7～8.9 波动，整体呈现先升后降的趋势，在植物生长旺盛期，土壤的 pH 较高。改良剂施加后，对土壤 pH 产生一定效应。总体上看，生物炭单独施加一定程度上提高了土壤 pH，而生物炭与有机肥联合施加后，土壤 pH 略有下降的趋势，但不同处理之间差异均不显著。

表 2-2　不同处理土壤 pH 的月际变化

月份	CK	BC	CP	BC_5+CP	BC_{10}+CP
5	8.76±0.05	8.72±0.05	8.75±0.07	8.71±0.07	8.70±0.05
6	8.86±0.08	8.87±0.04	8.81±0.07	8.80±0.07	8.83±0.06
7	8.84±0.06	8.86±0.05	8.84±0.04	8.83±0.07	8.82±0.09
8	8.84±0.06	8.86±0.05	8.88±0.04	8.83±0.08	8.82±0.08
9	8.78±0.04	8.85±0.05	8.82±0.07	8.79±0.06	8.81±0.06
10	8.72±0.05	8.76±0.09	8.65±0.14	8.69±0.10	8.72±0.15

3）土壤电导率

根据不同月份土壤电导率的数据（表 2-3）可知，改良剂的施加对土壤电导率表现出一定的增加效应。特别是改良剂施加初期，作用最显著。土壤电导率呈现先降后升的趋势，BC_{10}+CP、BC_5+CP 两个处理对土壤电导率的影响较大，5～7 月与对照差异均达到显著水平（$P<0.05$）。随着植物的生长，根系对土壤中盐基离子的吸收增强，土壤中的养分元素等离子被吸收消耗，土壤电导率有所下降。可能由于改良剂施加的处理，地上植物的生长较对照旺盛，对土壤养分元素的吸收也强，因此施加改良剂后土壤电导率下降幅度快于对照。

表 2-3　不同处理土壤电导率的月际变化　　　（单位：μS/m）

月份	CK	BC	CP	BC$_5$+CP	BC$_{10}$+CP
5	104.9±11.08b	123.8±19.70b	145.8±52.49ab	169.7±20.95a	186.3±74.27a
6	95.8±7.80b	107.1±3.40b	107.79±7.96b	123.3±13.67a	127.3±17.79a
7	91.9±9.35c	101.4±1.63b	105.1±7.33b	108.2±5.67ab	117.9±3.22a
8	91.41±9.34a	89.4±8.43a	87.9±5.63a	89.6±6.19a	95.8±10.99a
9	88.7±5.14b	91.5±5.20ab	87.6±3.02b	89.78±8.45ab	93.7±8.06a
10	101.0±21.14a	102.2±46.71a	100.4±30.15a	119.3±39.10a	112.5±47.16a

注：同一行中不同字母表示不同处理之间差异显著（$P<0.05$）

2. 土壤养分的月际变化

1）土壤总有机碳质量分数

从表 2-4 可以看出，土壤总有机碳总体呈现先降后升的趋势，改良剂施加初期对土壤总有机碳的增加作用显著，随着作物的生长，土壤总有机碳总体呈现降低趋势，各处理间的差异减小，在 6 月之后，仅 BC 和 BC$_{10}$+CP 两个处理的土壤总有机碳质量分数显著高于对照，其他处理与对照差异均未达到显著水平，这两个处理生物炭的施加量均为 10t/hm^2。由此可见，生物炭的施加对土壤总有机碳的增加作用较有机肥施加的作用显著。

表 2-4　各处理土壤总有机碳质量分数的月际变化　　　（单位：g/kg）

月份	CK	BC	CP	BC$_5$+CP	BC$_{10}$+CP
5	3.45±0.69d	5.03±1.24bc	3.95±0.78c	5.25±0.61b	5.85±1.64a
6	3.47±0.45b	4.46±0.86a	3.62±0.66b	4.29±0.51a	4.58±0.87a
7	3.41±0.64b	4.87±1.17a	3.70±0.67b	4.52±1.29ab	5.22±1.17a
8	3.29±0.74b	4.49±0.76a	3.35±0.76b	3.83±0.64ab	4.42±0.54a
9	3.41±0.63b	4.42±0.46a	3.80±0.54ab	3.96±0.82ab	4.12±0.66ab
10	3.46±0.53bc	4.32±0.71a	3.75±0.72bc	3.90±0.43ab	4.99±0.83a

注：同一行中不同字母表示不同处理之间差异显著（$P<0.05$）

2）土壤总氮质量分数

从各处理土壤总氮质量分数的月际变化（表 2-5）来看，改良剂的施加对土壤总氮质量分数的影响不显著，除 5 月和 7 月 CP 和 BC$_{10}$+CP 两个处理的土壤总氮质量分数显著高于对照外，其他时期各处理间差异均未达显著水平。可能由于改良剂施加后，均有效促进了作物生长，而增加了对土壤中氮素的吸收量，降低了土壤氮素水平。另外，受试植物为豆科，其自身的固氮作用对土壤氮含量也产生一定影响，可以通过自身的固氮作物提高根际的氮含量供自身利用，从而影响土壤总氮含量。

表 2-5 各处理土壤总氮质量分数的月际变化 （单位：g/kg）

月份	CK	BC	CP	BC₅+CP	BC₁₀+CP
5	0.47±0.08b	0.56±0.08ab	0.59±0.09a	0.53±0.12ab	0.62±0.04a
6	0.52±0.11a	0.64±0.15a	0.65±0.10a	0.61±0.08a	0.66±0.16a
7	0.51±0.10b	0.62±0.11a	0.66±0.12a	0.65±0.14b	0.73±0.19a
8	0.54±0.17a	0.60±0.10a	0.59±0.20a	0.55±0.12a	0.66±0.17a
9	0.57±0.09a	0.62±0.01a	0.64±0.18a	0.59±0.06a	0.60±0.15a
10	0.51±0.11a	0.59±0.10a	0.64±0.22a	0.65±0.08a	0.64±0.10a

注：同一行中不同字母表示不同处理之间差异显著（$P<0.05$）

3）土壤碳氮比

土壤碳氮比是表征土壤质量变化的重要指标，可以反映土壤有机碳氮的积累和变化过程。从各处理土壤碳氮比的月际变化（表 2-6）来看，呈现降—升—降的波动变化趋势，改良剂施加之初各处理土壤碳氮比最高，随后有所降低。在改良剂施加初期，BC₅+CP 和 BC₁₀+CP 处理的土壤碳氮比与对照差异均达到极显著水平，而随着作物的生长，碳氮比有所降低，以 BC₁₀+CP 处理降幅最小，可能由于生物炭本身含有大量的碳，而且其孔隙较多，可以将有机肥中的含碳有机物质吸附固定，减少其淋失。从土壤碳氮比的月际变化看，对土壤碳氮比作用较明显的成分为生物炭，其作用显著强于有机肥。

表 2-6 各处理土壤碳氮比的月际变化

月份	CK	BC	CP	BC₅+CP	BC₁₀+CP
5	7.34±1.05b	8.98±1.24ab	6.69±1.26b	9.90±2.51a	9.43±2.55a
6	6.67±0.80a	6.97±0.80a	5.56±0.66b	7.03±1.67a	6.94±0.99a
7	6.69±0.98ab	7.85±2.09a	5.60±1.30b	6.95±1.70ab	7.15±0.97ab
8	6.09±1.76b	7.48±1.93a	5.67±1.48b	6.96±1.54ab	6.70±1.83ab
9	5.98±0.79b	7.13±0.88a	5.94±1.22b	6.71±0.85ab	6.87±2.31a
10	6.78±1.31b	7.32±1.13ab	5.86±1.91b	6.00±1.15b	7.80±1.20a

注：同一行中不同字母表示不同处理之间差异显著（$P<0.05$）

4）土壤速效氮

土壤速效氮质量分数总体上呈现先升高后降低的趋势（表 2-7）。改良剂施加初期，土壤速效氮质量分数均有一定程度的升高，其中，5 月 BC₅+CP 处理的土壤速效氮质量分数与对照差异显著。土壤速效氮质量分数峰值出现在植物生长旺盛的 7 月、8 月，在作物生长后期的 8 月和 9 月 BC_5+CP 和 $BC_{10}+CP$ 处理土壤速效氮质量分数均显著高于对照。这反映出少量生物炭与有机肥联合施加对土壤速效氮质量分数的升高产生促进作用。

表 2-7　壤速效氮质量分数的月际变化　　　（单位：mg/kg）

月份	CK	BC	CP	BC_5+CP	$BC_{10}+CP$
5	35.583±3.132b	42.280±2.452ab	36.970±3.347ab	45.246±4.977a	42.523±0.442ab
6	35.350±8.169a	37.880±2.899a	37.237±3..261a	41.946±4.405a	45.350±4.291a
7	47.880±8.108a	50.870±2.803a	50.176±4.723a	50.536±3.732a	52.553±3.767a
8	42.800±2.297b	45.250±3.933ab	43.230±5.657ab	51.033±3.979a	53.840±3.499a
9	38.543±2.854b	39.697±3.742ab	38.650±4.197ab	40.887±4.032a	41.273±3.811a

注：同一行中不同字母表示不同处理之间差异显著（$P<0.05$）

5）土壤速效磷

土壤速效磷质量分数整体呈现升—降—升的波动变化趋势（表 2-8），改良剂施加后对土壤速效磷的作用显著。5 月 BC_5+CP 处理土壤速效磷质量分数与对照差异达显著水平（$P<0.05$）；7 月 $BC_{10}+CP$ 处理土壤速效磷质量分数与对照差异显著；8 月各处理速效磷质量分数均显著降低，而 CP、BC_5+CP 和 $BC_{10}+CP$ 三个处理速效磷质量分数与对照差异达显著水平。由于受试土壤为风沙土，本身的速效磷含量较低，因此改良剂的施加一定程度上可以增加土壤速效磷的含量，土壤水热条件较好时，会促使养分元素释放进入土壤，而随着作物的生长对土壤中养分的吸收作用增强，土壤速效磷含量有所降低，植物吸收的磷转换为生物量的积累和增加。由此也反映出，改良剂的施加，特别是生物炭与有机肥联合施加后，可以有效减少土壤中速效磷的淋失。

表 2-8　壤速效磷质量分数的月际变化　　　（单位：mg/kg）

月份	CK	BC	CP	BC_5+CP	$BC_{10}+CP$
5	6.120±1.160b	8.623±2.1853ab	6.303±0.677ab	12.067±1.085a	10.207±2.271ab
6	13.020±3.178a	15.150±1.157a	14.357±1.827a	13.727±4.724a	15.933±1.051a
7	9.780±1.689b	10.513±2.473ab	12.837±2.163ab	11.680±1.921ab	14.180±3.012a
8	2.203±0.486b	3.137±0.610ab	3.683±0.733a	5.273±1.505a	5.603±0.378a
9	9.450±2.990a	10.407±1.724a	10.033±1.721a	11.900±1.624a	12.260±2.633a

注：同一行中不同字母表示不同处理之间差异显著（$P<0.05$）

6）土壤速效钾

土壤速效钾质量分数年内呈现波动的变化趋势（表 2-9），月际变化趋势不明显。比较不同处理土壤速效钾质量分数的差异发现，改良剂施加对土壤速效钾的促进作用不明显，甚至出现负效应，原因可能是当地土壤速效钾含量本底较高。

表 2-9　土壤速效钾质量分数的月际变化　　　　　（单位：mg/kg）

月份	CK	BC	CP	BC$_5$+CP	BC$_{10}$+CP
5	97.800±10.002	93.863±1.272	88.777±9.938	105.183±15.966	96.410±7.757
6	92.720±8.313	88.357±2.483	93.333±8.426	89.840±8.652	93.453±6.775
7	89.690±5.796	89.137±21.967	87.517±8.0946	103.857±8.160	89.490±7.872
8	83.910±15.168	84.190±5.057	85.963±15.716	89.807±23.729	92.083±8.566
9	97.600±4.950	112.410±10.182	106.673±7.705	92.987±17.333	100.536±14.900

2.4.4　土壤理化性质的年际变化

1. 土壤物理性质的年际变化

1）土壤田间持水量的年际变化

从三年土壤田间持水量的数据看（图 2-6），各处理年际变化不显著，除 BC$_{10}$+CP 处理的土壤田间持水量三年均显著高于对照外（$P<0.05$），其他施加改良剂的处理对土壤田间持水量的作用效果均不显著。沙化土壤的持水力较低，单独施加一种改良剂对提高土壤田间持水量的效果不显著，而生物炭（10t/hm^2）与

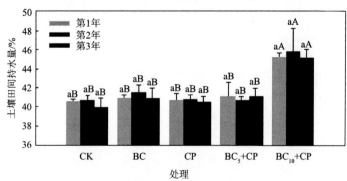

图 2-6　各处理土壤田间持水量的年际变化
不同小写字母表示同一处理不同年份间差异显著，
不同大写字母表示同一年份不同处理间差异显著（$P<0.05$）

有机肥（20t/hm^2）联合施加显著提高土壤田间持水量，可能由于二者联合施加后降低了生物炭的疏水性，而利于土壤水分的入渗和保持。

水是干旱半干旱地区生态环境的限制因子，土壤田间持水量代表了土壤保持水分的能力，而它的高低对砂质土壤水分的保持至关重要。生物炭比表面积（Kishimoto and Sugiura，1985）比砂质土比表面积大上千倍，生物炭具有增加砂质土壤孔隙度及提高保水能力的潜能（勾芒芒，2015）。有机肥这一应用了上千年的肥料，由于其养分含量高以及提高土壤通气性等作用已得到普遍认可。生物炭和有机肥可以增加土壤孔隙度，从而提高土壤的持水量、植物可利用的水量及水分利用效率等，二者联合施加比单独施加的效果更明显（Dugan et al.，2010）。本实验结果显示，改良剂施加后土壤田间持水量有一定增加，其中BC$_{10}$+CP处理对土壤田间持水量的增加作用最强，其他施加改良剂的各处理对土壤田间持水量未体现显著作用。这反映出单独施加生物炭或者有机肥，可能对砂质土壤田间持水量增效作用不明显。许多研究表明，生物炭能显著增加土壤的持水量和水分保持能力（Dugan et al.，2010；Tammeorg et al.，2014），据报道生物炭用量达到88t/hm^{2}时，才可以在水分特征曲线上表现出土壤田间持水量的显著改善（张红文等，2013）。而本实验结果显示，生物炭单独施加对受试砂土持水量的增效不显著，这可能与生物炭的原料及用量较少有关，加之生物炭疏水性较强（Glaser et al.，2002），施加后可能限制土壤水分进入其颗粒孔隙内部，影响水分入渗和保持。生物炭和有机肥联合施加后土壤持水能力的增强与其对土壤孔隙度和表面积增大等效应有很大关系（Slavich et al.，2013）。本实验发现，一定比例的生物炭与有机肥联合施加对改善土壤田间持水量产生显著效果，可能由于有机肥的联合施用降低了生物炭中疏水基团的作用，增强了土壤极性，而利于土壤对水分的吸收和保持。可见，一定比例的生物炭和有机肥联合施加，可有效提高干旱区域水分的吸收利用效率（Yeboah et al.，2016）。

2）土壤容重的年际变化

土壤容重呈现逐年降低的趋势，不同改良剂的施加均一定程度上降低了土壤容重。其中，第1年BC$_5$+CP处理的土壤容重显著低于对照（$P<0.05$）；第2年各处理土壤容重差异不显著；第3年以BC$_{10}$+CP处理土壤容重最低，与对照差异显著（$P<0.05$），其次为BC、BC$_5$+CP和CP处理，但这三个处理与对照差异均不显著。由此可见，改良剂的施加有效降低了土壤容重，特别是生物炭和有机肥联合施加，对容重降低效果显著，而且随着土壤的连续耕作，容重持续降低（图2-7）。

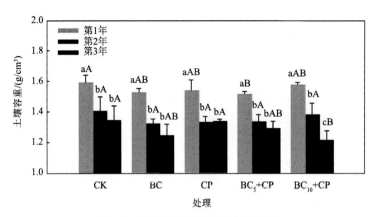

图 2-7　各处理土壤容重的年际变化

　　土壤容重的大小反映土壤结构、透气性、透水性能以及保水能力的高低，一般耕作层土壤容重在 $1\sim1.3\text{g/cm}^3$，土层越深则容重越大，可达 $1.4\sim1.6\ \text{g/cm}^3$。受试土壤为风沙土，土壤颗粒以细沙为主，土壤容重较高（1.59g/cm^3），限制了植物生长。从本实验结果看，改良剂施加后土壤容重均有所降低，而且有逐年降低的趋势，可见土壤经过三年处理后孔隙度有所增大，适耕性增强。Oguntunde等（2008）研究表明，生物炭施加后加纳的森林-草原过渡区域土壤容重比附近土壤低 9%。本实验也发现单施生物炭的处理对土壤容重的降低效果较单施有机肥明显，可能由于有机肥对土壤的作用以养分元素的释放为主，而生物炭的颗粒较小，在土壤中分布均匀，可以有效增大土壤孔隙度，降低土壤容重。生物炭和有机肥联合施加对土壤容重的降低作用较二者单独施加显著，其中起主要作用的改良剂可能为生物炭。

　　3）土壤团聚体稳定性的年际变化

　　采用土壤平均重量直径来评价土壤团聚体稳定性。改良剂的施加对沙化土壤团聚体的形成均有一定促进作用，土壤平均重量直径呈现逐年增大的趋势。其中，$BC_{10}+CP$ 处理效果较明显，土壤三年的平均重量直径均与对照差异显著（$P<0.05$）（图 2-8）。第 1 年改良剂施加对土壤平均重量直径的影响与对照差异均未达到显著水平，而后两年较前一年有显著增加，施加改良剂的各处理土壤平均重量直径均高于对照，其中二者联合施加的两个处理与对照差异较显著（$P<0.05$），表明生物炭和有机肥联合施加对团聚体的形成起到显著促进作用。

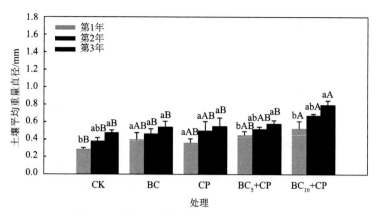

图 2-8　各处理土壤平均重量直径的年际变化

土壤水稳性团聚体是土壤中最重要的结构体，对土壤结构稳定性的维持具有重要意义。不同气候和土壤条件下，土壤团聚体中的有机碳含量、微生物数量和种群也有差异。土壤团聚体的大小及分布可以反映出土壤中有机质含量以及微生物类群的丰度等（Jiang et al., 2007；Jastrow, 1996）。实验开展的后两年，改良剂的施加对土壤团聚体的形成有一定的促进作用，其中生物炭与有机肥联合施加效果较明显。

2. 土壤化学性质的年际变化

1）土壤 pH 的年际变化

土壤 pH 呈逐年缓慢降低的整体趋势。第 1 年土壤 pH 以单施生物炭处理略有升高，但与对照差异不显著，后两年各处理的土壤 pH 均有所降低，含有机肥的各处理土壤 pH 略低，但与对照差异均不显著（图 2-9）。

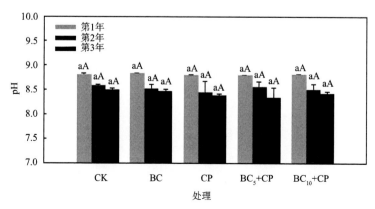

图 2-9　各处理土壤 pH 的年际变化

2）土壤电导率的年际变化

土壤电导率反映土壤的盐分和离子含量的高低，改良剂的施加对土壤电导率的影响较大。土壤电导率呈逐年增大趋势，但年际差异未达显著水平。改良剂的单施和联合施加均一定程度上增大了土壤电导率，其中 BC_5+CP 和 $BC_{10}+CP$ 处理的土壤电导率显著高于对照（$P<0.05$）（图 2-10）。这表明生物炭和有机肥联合施加对土壤电导率作用效果显著于任一种改良剂单独施加。

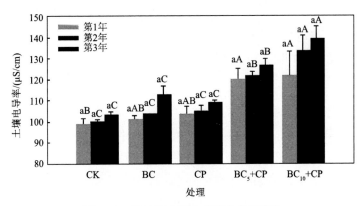

图 2-10　各处理土壤电导率的年际变化

3）土壤阳离子交换量的年际变化

土壤阳离子交换量呈逐年增加趋势，特别是二者联合施加的两个处理，第 3 年土壤阳离子交换量显著高于第 1 年（$P<0.05$），而且，后两年二者联合施加的处理土壤阳离子交换量均显著高于对照（$P<0.05$），而单施有机肥的处理土壤阳离子交换量与对照差异较小（图 2-11）。由此可见，改良剂的施加，特别是生物炭的施加可以增加土壤可交换阳离子的含量。

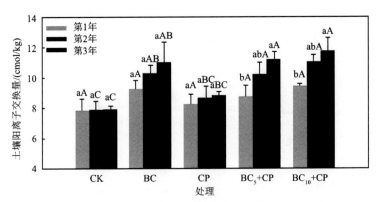

图 2-11　各处理土壤阳离子交换量的年际变化

　　生物炭本身含有的灰分元素多呈可溶态，进入土壤后有一定程度的释放，交换土壤中的 H^+ 和 Al^{3+}，从而降低其浓度，提高盐基饱和度并调节土壤 pH（van Zwieten et al.，2010）。生物炭在自然界中通常呈碱性，但因原料以及生产条件的不同，生物炭 pH 也有很大差异。许多研究表明，生物炭的施加可提高土壤 pH（Laird et al.，2010；Warnock et al.，2007），而 Liu 和 Zhang（2012）的研究表明，在盐碱化土壤中施加生物炭后，pH 出现了降低趋势。本实验发现，改良剂的施加对土壤 pH 的作用不显著，特别是生物炭和有机肥联合施加土壤 pH 几乎未发生变化，可见生物炭的生产材料及受试土壤性质影响其对土壤 pH 的作用效果。由于本实验受试土壤 pH 在 8.7 以上，呈较强的碱性，因此一定比例的生物炭和有机肥联合施加对土壤 pH 的冲击较小。此外，有机肥与生物炭之间相互作用可能使生物炭的碱性作用减弱。

　　土壤含盐量是土壤理化分析中的一个重要指标。土壤电导率是研究精细农业不可缺少的重要参数，可直接反映出混合盐的含量，包含了反映土壤质量和物理性质的丰富信息。土壤的盐分、水分、温度、有机质含量和质地结构都不同程度影响着土壤电导率。研究表明，生物炭的施加可以显著增大土壤的电导率，随着施加量的增多，电导率相应增大（Chintala et al.，2013）。本实验结果显示，改良剂的施加对土壤电导率产生显著影响，特别是二者联合施加的处理均显著于任一种改良剂单独施加。

　　土壤阳离子交换量反映土壤保持无机养分元素的能力（Lee et al.，2013），有研究发现生物炭和有机肥联合施加可以有效增加土壤阳离子交换量（Agegnehu et al.，2015a）。生物炭本身含有丰富的官能团，施入土壤后使土壤电荷总量增加，阳离子交换量提高（Laird et al.，2010），且随施炭量的增加而增加（Asai et al.，2009），但作用程度与土壤类型、原材料以及制炭工艺等有关（Yuan et al.，2011；Gaskin et al.，2008）。土壤阳离子交换量的增加，可以减少养分淋失，提高养分循环利用效率（Lehmann et al.，2006）。从本实验土壤阳离子交换量的结果看，除单施有机肥外，其他改良剂施加处理均提高了土壤阳离子交换量。其中，生物炭和有机肥联合施加的效果优于单独施加，从作用效果上看，生物炭对土壤阳离子交换量的贡献占主导作用，而且有逐年增加的趋势。可能由于生物炭的比表面积大，且氧化作用强，从而使表面的含氧官能团增多，增强对离子的吸附能力（Topoliantz et al.，2005；Lehmann et al.，2003），增加阳离子交换量，同时连续施加出现累积效应，而使阳离子交换量持续增加，促进了养分元素的保持（Liang et al.，2006）。

3. 土壤养分的年际变化

1）土壤总有机碳质量分数的年际变化

施加改良剂的各处理土壤总有机碳质量分数呈现逐年增加的趋势，其中
BC_{10}+CP 处理后两年的土壤总有机碳质量分数较第 1 年显著增加（$P<0.05$）。不
同改良剂施加对土壤总有机碳的影响存在差异，第 1 年以 BC 处理效应最明显，
而后两年均以 BC_{10}+CP 处理与对照差异极显著（$P<0.05$）（图 2-12）。总体上看，
含生物炭的处理土壤总有机碳质量分数较高，且在后两年有所增加，表明与有机
肥相比，生物炭对土壤碳库的储存和碳的释放所起的调节作用更显著。

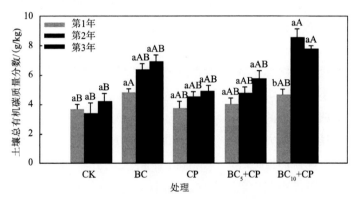

图 2-12　各处理土壤总有机碳质量分数的年际变化

有机肥的存在可以提高生物炭的分解率和总表面反应率（Kuzyakov et al., 2009）。
当生物炭和有机肥作为土壤改良剂共同施加到土壤中时，二者通过缓释肥料的直
接作用可以增加土壤肥力，提高土壤的可耕性以及作物产量等（Glaser et al.,
2002）。

土壤有机碳是反映土壤有机质含量的指标，其含量的增加可提高土壤孔隙度，
有助于水分和养分元素的保持，同时可为土壤微生物提供生长基质，使养分元素
更利于植物吸收（Agegnehu et al., 2015a）。许多研究表明，生物炭（Angst et al.,
2014）或有机肥（Fischer and Glaser, 2012）的单独施加均可以提高土壤有机质的
数量和质量，进而改善土壤质地。但也有不同的结果，Schulz 和 Glaser（2012）
发现单施有机肥的处理燕麦产量较单施生物炭和生物炭与有机肥联合施加的处理
高，而生物炭和有机肥联合施加可显著增加土壤总有机碳质量分数。Sukartono 等
（2011）也发现椰壳生物炭单独施加或与有机肥联合施加，增加了第二季作物收获
后土壤的总有机碳质量分数且增强了其持久性，而有机肥处理的土壤总有机碳质

量分数与对照差异不显著,其他一些研究也表明有机肥施加后土壤总有机碳质量分数未显著增加(Celik et al.,2004;Wahba,2007)。本研究发现,改良剂的施加对土壤总有机碳均有一定程度的增加效应,其中含生物炭的处理土壤有机碳质量分数均显著高于对照,而单施有机肥的处理与对照无显著差异。生物炭的施加可一定程度上增加土壤有机碳质量分数,原因可能是生物炭本身含有大量的碳,而且其可以将有机肥中的含碳有机物质吸附固定,而减少淋失量,而且从长期看可以产生积累效果。特别是生物炭和有机肥联合施加,显著增加了土壤总有机碳。

2)土壤总氮质量分数的年际变化

施加改良剂的各处理土壤总氮质量分数呈逐年增加的趋势,但年际差异不显著。改良剂的施加均一定程度上增加了土壤总氮质量分数,第 1 年各处理之间土壤总氮质量分数差异均不显著,后两年以 BC_{10}+CP 处理土壤总氮质量分数显著高于对照($P<0.05$),其他各处理与对照差异均未达显著水平(图 2-13)。改良剂的施加可以增加土壤总氮质量分数,但其第 1 年效果不显著,可能是由于播种的为豆科植物,其自身的固氮作用可以提高土壤氮素水平。而在连续施加后,土壤氮素得到积累,体现出显著作用,其中以生物炭和有机肥的联合施加对土壤氮素的积累作用效果最显著。土壤总氮质量分数的差异体现出了生物炭和有机肥联合施加的协同效应,生物炭或有机肥单独施加对总氮的积累作用不显著,可能由于生物炭施加后通过碳素的输入增加土壤的碳氮比,而将土壤中的氮固定,或将其吸附在孔隙中,而使土壤中游离的、易被植物利用的氮素减少(Reverchon et al.,2014)。

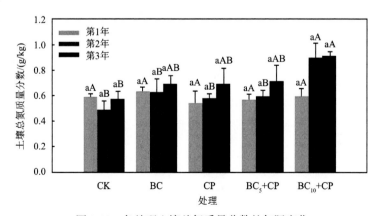

图 2-13　各处理土壤总氮质量分数的年际变化

3）土壤碳氮比的年际变化

土壤碳氮比总体呈现逐年增大趋势，以 BC 和 BC_{10}+CP 处理第 2 年增幅较显著。改良剂的施加一定程度上增大了土壤碳氮比。第 1 年和第 3 年均以 BC 处理土壤碳氮比显著高于对照（$P<0.05$）；第 2 年以 BC 和 BC_{10}+CP 处理土壤碳氮比显著高于对照（$P<0.05$）（图 2-14）。各改良剂的施加一定程度上增大了土壤碳氮比，BC 和 BC_{10}+CP 两个处理增幅较显著，可能由于 BC 和 BC_{10}+CP 两个处理生物炭的施加水平相对较高（10 t/hm^2），有效增加了土壤总有机碳质量分数。

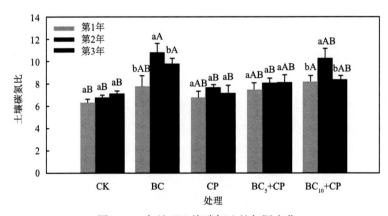

图 2-14　各处理土壤碳氮比的年际变化

土壤碳氮比可以反映土壤有机碳、氮的积累和变化过程。生物炭能提高土壤总有机碳质量分数，而对土壤总氮质量分数作用相对不显著，因此对土壤碳氮比的增大作用较明显，其效应大于有机肥的单独施加（Agegnehu et al.，2015b）。本实验结果表明，改良剂的施加增大了土壤碳氮比，其中以单施生物炭的处理效果最显著。改良剂对土壤碳氮比的增大效应有逐年增加的趋势，BC 和 BC_{10}+CP 两个处理增幅较显著。可能由于这两个处理生物炭的施加水平较高，对土壤总有机碳库的增效显著，而土壤总氮增加不明显，进而也使土壤碳氮比相应增大。本实验结果显示，对土壤有机碳和碳氮比影响最大的因素是生物炭的施加，其影响超过有机肥，单独施加高浓度生物炭的处理同样显著增加了土壤有机碳质量分数、增大了土壤碳氮比。

4）土壤速效氮质量分数的年际变化

土壤速效氮质量分数呈先降后升的年际变化趋势，在第 3 年显著增加。前两年土壤速效氮质量分数各处理间差异均不显著，而第 3 年生物炭和有机肥联合施加的两个处理均显著增加了土壤速效氮质量分数。可能由于第 2 年种植的作物为非豆科植物而使土壤中可利用性氮含量降低。单施生物炭或有机肥对土壤速效氮质量分数均未产生显著影响，而二者联合施加对速效氮质量分数增加明显，特别是在实验开展的第 3 年，与对照差异均达到显著水平（$P<0.05$）。由此可见，经过三年的大田实验，土壤速效氮质量分数有所增加，相对来看，有机肥的施加对速效氮质量分数的影响作用略强于生物炭。生物炭和有机肥联合施加表现出对土壤速效氮的协同效应，以 $BC_{10}+CP$ 处理最显著（$P<0.05$）（图 2-15）。

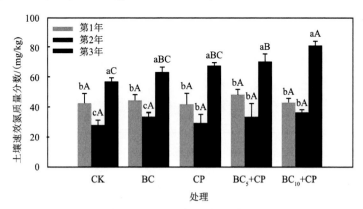

图 2-15　各处理土壤速效氮质量分数的年际变化

5）土壤速效磷质量分数的年际变化

各处理土壤速效磷质量分数呈先升后降的趋势，第 2 年其质量分数显著高于其他年份。改良剂的施加一定程度上增加了土壤速效磷质量分数，但前两年各处理之间差异均未达到显著水平，第 3 年除单独施加生物炭的处理外，其他三个施加改良剂处理均显著增加了土壤速效磷质量分数（$P<0.05$）（图 2-16）。对比两

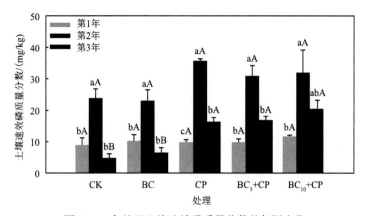

图 2-16　各处理土壤速效磷质量分数的年际变化

种改良剂可见，有机肥的施加对土壤速效磷的作用较生物炭的作用显著，其与生物炭联合施加后的作用效果更强。而且随着时间的延长，生物炭和有机肥联合施加的处理土壤速效磷质量分数显著高于其他处理（$P<0.05$），由此体现出二者在速效磷的释放上产生协同效应。

6）土壤速效钾质量分数的年际变化

各处理土壤速效钾质量分数呈现逐年增加的趋势（除对照和 CP 处理），其中以第 3 年增幅最显著。改良剂的施加对土壤速效钾质量分数有一定的增加效应，后两年各改良剂施加的处理与对照差异均达显著水平（$P<0.05$），其中以 $BC_{10}+CP$ 处理最显著（图 2-17）。比较不同处理可以看出，单施生物炭及其与有机肥联合施加对土壤速效钾质量分数的影响均高于单施有机肥的影响，可见生物炭的施加可以有效改善土壤速效钾质量分数，其作用优于有机肥单独施加。

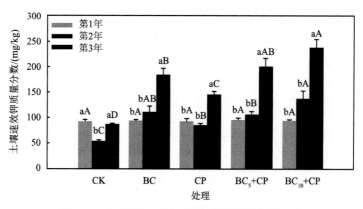

图 2-17　各处理土壤速效钾质量分数的年际变化

氮、磷和钾等是植物的必需元素，其含量的多少直接影响作物的生长和产量。研究表明，生物炭和有机肥共同施加对氮素的植物可利用性的提高显著于二者单独施加（Dias et al.，2010），生物炭和有机肥同施可减少总氮和铵态氮的淋失（Steiner et al.，2010）。本实验结果表明，二者联合施加的处理土壤速效氮增加作用较显著，从年际变化看，第二生长季土壤速效氮质量分数呈现下降趋势，而生物炭和有机肥联合施加对土壤速效氮质量分数的降低起到缓解作用，其中以 $BC_{10}+CP$ 处理的作用最显著。可能与第 2 年种植的为非豆科植物，不能进行生物固氮有关。有机肥的施加对速效氮质量分数的影响效应显著高于生物炭的影响效应，而且二者联合施加体现出对土壤速效氮的协同作用。生物炭施加后，易分解碳的输入及土壤碳氮比的增大使土壤速效氮得到固定（Ippolito et al.，2012），或直接通过生物炭的吸收而固定,导致可被植物吸收的速效氮质量分数降低(Reverchon et al., 2014),此外,植物材料生产的生物炭氮素的植物可利用性要低于粪便生物炭(Chan et al., 2008)。

生物炭和有机肥均可以显著提高土壤磷和钾（Mia et al., 2014）的含量,减少土壤养分的淋失,促进植物对磷素的吸收(Lehmann et al., 2003; Agegnehu et al., 2015a),从而提高作物产量。本研究表明,二者的联合施加显著增加了土壤速效磷含量。由于受试土壤为风沙土,速效磷本底较低,因此外界有机改良剂的施加一定程度上可以增加土壤速效磷的含量。从年际变化来看,除单施生物炭的处理外,其他处理土壤速效磷的含量均有一定的增加效应,特别是后两年增加显著,可见有机肥对土壤速效磷的作用较生物炭明显。施加改良剂的处理在后两年均显著增加了土壤速效钾含量,而且差异达到极显著水平（$P<0.01$）。单独施加生物炭及与有机肥联合施加对土壤速效钾含量的影响均高于单施有机肥的影响,可见生物炭的施加可以有效改善土壤速效钾含量,其作用效果优于有机肥单独施加（Agegnehu et al., 2015b）。生物炭和有机肥的施加一定程度上增加了土壤养分元素的含量,特别是二者联合施加的处理在土壤总有机碳、总氮、速效氮、速效磷、速效钾含量以及碳氮比上体现出协同作用。

2.4.5　土壤理化指标的主坐标分析

用 PCO 软件对实验开展第 3 年土壤的理化指标进行主坐标分析,以此反映不同处理土壤理化指标之间的关系。结果显示,改良剂连续施加三年后,对照（CK）土壤理化指标与其他处理在横轴上（解释了 92.365% 的变异）明显区分,较高比例的生物炭与有机肥联合施加（BC_{10}+CP）处理土壤理化指标也与其他处理清晰地分开,表明一定浓度的生物炭与有机肥联合施加可能对土壤改良产生协同作用（图 2-18）。

本研究结果表明,生物炭和有机肥单独施加与联合施加对沙化土壤理化性状的影响效果不同。总体上看,生物炭对土壤阳离子交换量、碳氮比、总有机碳和速效钾含量的作用效果较有机肥显著;有机肥对土壤速效氮和速效磷含量的作用效果较显著;而改良剂单独施加对沙化土壤的田间持水量、容重、pH、电导率、总氮和速效氮的作用效果均不显著,可能由于实验区域降水较少,土壤含水量低,土壤养分难以释放,使单独施加改良剂的各处理对土壤理化性质的影响效果不显著。一定比例的生物炭和有机肥联合施加对沙化土壤性状的改良作用显著,其中较高含量生物炭和有机肥联合施加作用效果较好,其对土壤田间持水量、团聚体

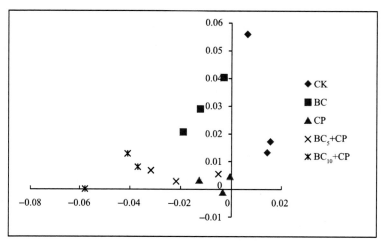

图 2-18　改良剂连续施加土壤理化指标主坐标分析

稳定性、阳离子交换量以及总有机碳、总氮、速效氮和速效钾含量的增加以及土壤容重的降低作用呈现显著效应，说明二者可能存在协同作用。

2.5　生物炭和有机肥改善土壤理化性质的作用机制

　　生物炭和有机肥联合施加对沙化土壤理化性质的改良产生协同作用，生物炭施加量在一定范围内时，随施加量的增多其作用效果逐渐明显，在养分缺乏的沙化土壤中体现得更显著。

　　生物炭可以有效增大土壤孔隙度，其与有机肥联合施加可以提高水分的渗透性及持水量，改善土壤结构和物理性状。生物炭颗粒较小，比表面积大，施入土壤中可增大土壤孔隙度，降低土壤容重（Novak et al., 2009）。生物炭的疏水性较强，单独施加对土壤田间持水量有时作用不显著，与有机肥联合施加可以提高土壤水分传导率（Carter et al., 2004），其带来的高质量的土壤总有机质促进了植物可利用水分和土壤田间持水量的增加（Hudson, 1994）。干旱地区土壤含水量较低，二者联合施加有效增加了土壤田间持水量，使生物炭的膨松剂作用得以显现（Steiner et al., 2011），而且，生物炭和有机肥均可以作为土壤团聚体的黏结剂，促进土壤团聚体的形成（Busscher et al., 2010；Kong et al., 2005），有效改善了土壤结构。基质纤维结构的变化，以及土壤中大孔隙被小孔隙填充，使土壤颗粒更好地团聚起来，增加了土壤田间持水量和养分，这可能是其对沙化土壤理化性质产生改良作用的主要原因。

有机肥的施加可弥补生物炭的养分亏缺，生物炭可以减少有机肥中养分的淋失。生物炭本身养分含量低，应用于养分含量低的沙化土壤改良中，需要与其他肥料共同施用以满足作物所需（Glaser and Birk，2012）。有机碳和阳离子交换量是影响土壤养分保持的关键土壤指标，生物炭本身含碳量高，施加后可直接提高土壤有机碳含量，但由于所含碳较稳定，很难直接被植物吸收，有机肥可以提供较高质量的碳，但对土壤总有机碳含量的影响有时不显著，二者联合施加可以使生物炭在易降解的碳基质上分解率增加，利于提高土壤有机质含量（Kuzyakov et al.，2009）。有研究显示，生物炭和有机肥联合施加增加了土壤有机碳，并且其作用能持续到作物第二个生长季末期，作用效果显著优于化肥施加的效果（Sukartono et al.，2011）。生物炭含有丰富官能团，对土壤电荷的增加效果显著于有机肥的作用，可增加土壤阳离子交换量（Lee et al.，2013）。生物炭与有机肥联合施加可缓解土壤中钾、磷等养分元素的亏缺，减少土壤中速效氮的淋失，对养分元素的积累作用更强，这可能是由于生物炭的表面反应率随有机肥料的施加而有所增加（Thies and Rillig，2009）。

此外，有研究表明，生物炭和有机肥的理化性质及其施加后引起的土壤理化性质的改变能影响土壤微生物活性（Lehmann et al.，2011）及其群落结构（Wang et al.，2015），而土壤微生物是生态系统中的分解者，对土壤环境能起到指示作用。土壤微生物的变化影响生态系统的养分循环及氮、磷和钾等养分的含量以及植物可利用性，进而影响作物生长及产量（Cao et al.，2017）。

第 3 章　生物炭和有机肥与土壤微生态环境

3.1　生物炭与土壤微生态环境

作为一种土壤生物群落管理的策略，生物炭技术引起研究者的关注和兴趣，而且关于生物炭施加后土壤生物区系的微妙变化也受到极大关注。早期的研究主要集中在生物炭对初级分解者（细菌和真菌）层面的影响上。随着研究的深入，对其他营养级的微生物，如次级分解者、捕食者和土壤动物的研究也受到了研究者的关注。生物炭引起的微生物群落组成或者活性的变化，不仅会影响营养物质的循环和植物的生长，而且会影响土壤有机质的循环（Liang et al., 2010; Kuzyakov et al., 2009; Wardle et al., 2008）。

3.1.1　生物炭与土壤细菌和真菌

生物炭施加后，不仅影响土壤中不同元素的含量，而且影响土壤的代谢过程，由此引起土壤微生物类群的相应改变（Ye et al., 2016）。土壤中存在着大量的微生物类群，其中，细菌、真菌及其他微生物类群的结构组成影响着土壤的健康水平。生物炭的施加能够改变土壤微生物群落的组成和丰富度（Grossman et al., 2010; Liang et al., 2010; Kim et al., 2007; Pietikäinen et al., 2000）。生物炭本身具有丰富的微孔结构、巨大的比表面积，作为改良剂施入土壤后，可以为细菌、真菌提供栖息环境和避难所，利于微生物的繁殖，并增加土壤中有益菌群的数量（Lehmann et al., 1999），进而影响土壤内部有机质的循环过程（Liang et al., 2010; Kuzyakov et al., 2009; Wardle et al., 2008）。对亚马孙"黑土"及人为施加生物炭的土壤研究结果显示，其群落组成以及细菌、古细菌和真菌种群发生了明显变化。已有研究结果表明，亚马孙"黑土"中微生物的多样性比未加生物炭的土壤高 25%，固氮菌的数量（Rondon et al.，2007）和活性（Quilliam et al.，2013）也在生物炭的作用下得到了明显提升（Kim et al.，2007）。生物炭的施加能增加土壤微生物的繁殖率以及厌氧细菌和纤维素分解菌的种群丰度（Kumar et al.，1987），使微生物区系发生变化。pH>8 的生物炭施加后，抑制了土壤真菌的繁殖，但是迅速提高了细菌和放线菌的繁殖率（Makoto et al.，2010）。

　　生物炭中大部分碳的化学稳定性很强，因此，微生物很难将生物炭中的碳、氮或者其他营养元素作为能源直接利用。然而，由于生物炭特殊的结构特征，有部分元素淋滤出来而容易被矿化（Lehmann et al.，2009），有些研究显示生物炭促进了微生物活性的增强和丰富度的增加（Steiner et al.，2008b）。但是，生物炭的性质与土壤生物群落的联系以及它们在土壤过程中的作用机制和驱动过程尚不清楚。

　　土壤真菌影响着生态系统的结构和功能，是土壤微生物群落的一大重要组成部分，能反映土壤肥力水平（Lueders et al.，2006）。土壤真菌具有寄生、分解、致病或共生等功能（Aguilar et al.，2014；Neher，1999），其多样性水平可作为评价土壤肥力的敏感指标（He et al.，2008）。生物炭施入土壤后利于微生物的生存繁衍，增加土壤中有益菌群数量，有机肥的长期连续施加可能降低土壤真菌生物量（Wallenstein et al.，2006），改变土壤真菌群落（Edwards et al.，2011），减少其丰富度（Bradley et al.，2006；Lin et al.，2012），此外，还可以减少植物根际一些致病菌种群，减轻病害（Lang et al.，2012）。一些研究发现，生物炭与无机肥或有机肥联合施加后，土壤微生物量和真菌多样性有所增加（Jindo et al.，2012b）。生物炭对不同类群微生物的作用结果不同，其机制也有差异，而对土壤中两大较常见的菌根真菌——丛枝菌根真菌（arbuscular mycorrhiza fungi，AMF）和外生菌根真菌（ectomycorrhiza fungi，EMF）来说，一般均产生正面的效应（Warnock et al.，2007）。菌根真菌是一类能与陆生植物产生互惠共生结构的真菌，Makoto 等（2010）的研究表明，生物炭施加后落叶松幼苗根的 EM 根尖数增加了19%～157%。Solaiman 等（2010）发现，在施加桉树生物炭两年后，小麦根的AM 侵染率增加到 20%～40%，而不加改良剂的对照根侵染率仅为 5%～20%。Matsubara 等（2002）的实验表明生物炭还可以增强 AM 真菌侵染植物对病原体的抵抗能力。Herrmann 和 Buscot（2004）的实验结果显示，在性质上与生物炭相似的活性炭，影响了外生菌根侵染宿主植物的时间，活性炭处理的侵染时间比对照提前了四周。其他的外生菌根相关实验评价了生物炭对宿主树木定植率的影响。在这两个实验中，生物炭的施加与外生菌根侵染率的增加呈正相关。Harvey 等

（1979，1976）的观察结果也支持这些结论。但是对于生物炭如何影响真菌的土生过程及根外菌丝的形成机制的研究还有待深入。Warnock 等（2007）最先评价了生物炭对菌根共生的深远影响，并提出这些生物炭对菌根的影响机制（最初以丛枝菌根和外生菌根为例）以及未来研究的重点（图 3-1）。

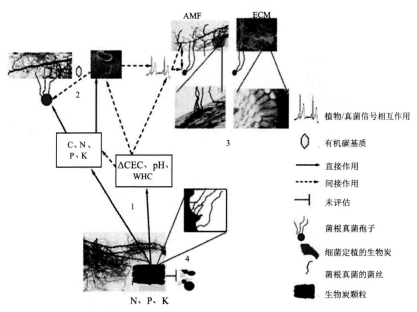

图 3-1   生物炭与菌根真菌的相互作用图（Warnock et al.，2007）

1. 生物炭对土壤理化性质产生影响；2. 生物炭对其他土壤微生物产生作用；3. 植物-真菌信号联系；
4. 保护真菌免受捕食的避难所

    Warnock 等（2007）认为有四种机制可以解释生物炭如何改变土壤和植物根中的菌根丰度或活性：土壤中添加生物炭可以改变影响植物和菌根的营养物质可利用性或其他土壤理化指标；可能对其他土壤微生物产生有益或有害影响；通过生物炭改变植物-菌根菌信号过程或减弱变异化合物毒性来改变菌根的定植；生物炭颗粒的气孔直径通常小于 16μm（Glaser，2007；Kawamoto et al.，2005），一个生物炭颗粒中的大量孔隙足以作为大多数土壤细菌和真菌躲避较大捕食者的住所（图 3-2）。

    另外，也有部分实验观察到负面影响。Gaur 和 Adholeya（2000）发现与生长在河沙和黏土颗粒上的植物相比，生物炭介质上的植物可利用磷较少。而且，Wallstedt 等（2002）报道了他们实验的外生菌根系统中生物可利用性有机碳和氮都降低了。降低的原因有以下几个：一是生物炭施加可能增加了植物可利用养分

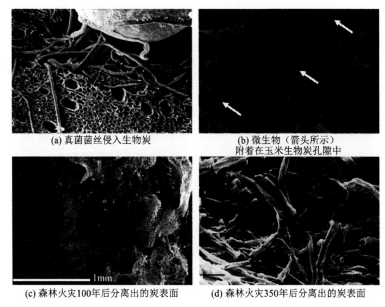

(a) 真菌菌丝侵入生物炭	(b) 微生物（箭头所示） 附着在玉米生物炭孔隙中
(c) 森林火灾100年后分离出的炭表面	(d) 森林火灾350年后分离出的炭表面

图 3-2　微生物在生物炭中的定植及其相互联系（Lehmann et al.，2011）

和水分的量，从而降低了菌根共生的需求；二是 pH 和水分等土壤条件的变化；三是高含量的矿质元素或有机物，如高盐分或重金属可能对真菌产生有害作用（Killham，1985；Killham and Firestone，1984）；四是生物炭对有机碳和有机养分元素的吸收作用可能影响它们的可利用性（Chan and Xu，2009；Pietikäinen et al.，2000）。

3.1.2　生物炭与土壤动物

土壤动物是土壤食物链中细菌和真菌能量转化的途径，关于生物炭对土壤动物影响的报道较少。在土壤动物与生物炭关系的研究中，以蚯蚓与生物炭相互作用的研究最多。蚯蚓（*Pontoscolex corethrurus*）能够吞食和磨碎生物炭，或者将生物炭与土壤混合，它们可能更喜欢含有生物炭的土壤（Topoliantz et al.，2005）。澳大利亚红壤中的蚯蚓喜欢施加生物炭后的土壤，但是在不同类型土壤（石灰质土）中得到的实验结果不同。Gomez-Eyles 等（2011）发现在多环芳烃污染土壤中施加生物炭处理的蚯蚓重量的减少量要明显高于不加生物炭的。关于线虫、土壤中小型节肢动物对生物炭响应的研究鲜见报道。目前，还没有关于生物炭对线虫直接影响的证据，有研究表明暴露在生产生物炭烟雾中的土壤线虫的密度增加，弹尾目昆虫的密度和多样性增加，甲螨的多样性增加（Uvarov，2000）。关于生物炭施加后对土壤生物的长远影响有待进一步评估。

3.1.3　生物炭与土壤微生物群落

生物炭施加可能改变土壤原有的生态系统。刚生产出的生物炭微生物含量极低，然而，在储存和运输过程中，可能会被微生物侵染，而将微生物带入生态系统中（Lehmann et al.，2011）。生物炭不总是对土壤微生物群落的丰度产生正面影响，即使很多研究表明其对菌根真菌和总微生物量产生正面影响，但是也有负面影响的报道（Warnock et al.，2007）。不能从某种生物炭对某类微生物产生正面影响而推断其对其他的类群也会产生相同的效果。例如，裂解炭对丛枝菌根产生正面效应，但是对植物的生长产生抑制作用（Rillig and Mummey，2006）。

生物炭可以作为接种体的载体。由于生物炭对微生物丰度和繁殖率的作用，其可以作为菌根接种体或载体材料。但目前没有关于生物炭性质对接种效率和存活率的影响机制的相关研究。此外，不同生物炭性质对接种微生物的影响会有很大差异，需要根据接种剂的类型来设计生产特定的生物炭（Lehmann et al.，2011）。

生物炭与土壤中的病原体相互作用。生物炭在土壤中对植物病害或病原微生物产生抑制作用，此作用机制可能与其他有机肥料相似。主要有以下几个方面：直接释放植物病原微生物抑制剂；促进拮抗病原体的微生物的生长；提高植物养分和活力，增强抗病性；激活植物防御机制；生物炭吸附的有机物质能够调节植物和病原体的信号传导；影响病原体的活动性和活性。

3.2　有机肥与土壤微生态环境

有机肥施加的一个重要作用是改善土壤生物环境。Pascual 等（1999）发现经过有机肥改良 8 年后的地中海半干旱土壤中微生物生物量、土壤基础呼吸和脱氢酶活性接近自然土壤水平。在土壤有机质含量低的退化土壤中，有机肥能够改善土壤结构（Darwish，2008），提供生物可利用性养分（Darwish，2008；Weber et al.，

2007），以及提高土壤微生物活性（Ros et al., 2006），而且有机肥施加后不仅可以使其基质所带的微生物群落多样性增加，同时也会促进土壤中原有的微生物群落丰富度增加。此外，有机肥中的细菌周转速度快，这可能会促进有机质的降解，抑制粪便中潜在的病原体和致病微生物的增长（Ye et al., 2016）。在特定的修复过程中，有机肥能使丛枝菌根接种剂持久存在，因此对本地植被有益（Celik et al., 2004）。

3.3　生物炭和有机肥联合施加对土壤微生态环境的作用

富含碳的亚马孙"黑土"有独特的微生物群落，与周围土壤相比，其微生物丰富度和生物量较高（Liang et al., 2010; O'Neill et al., 2009）。研究表明，有机肥的添加可以通过提高微生物生物量、呼吸率、土壤酶活性、土壤动物丰富度以及固氮量等而强烈影响土壤微生物群落（Albiach et al., 2001）。相应地，生物炭能影响有机肥中有机质的腐殖化过程、堆肥有机质的发酵过程（Dias et al., 2010）、微生物生物量（Jindo et al., 2012b）、微生物群落结构及多样性水平（Beesley et al., 2010），为土壤微生物提供更合适的栖息环境（Jindo et al., 2012b）等，进而对土壤肥力产生影响。

与生物炭共同发酵的鸡粪处理的土壤中的二氧化碳和一氧化二氮显著低于单独发酵的鸡粪处理的土壤，共发酵后抑制了反硝化细菌产生一氧化二氮，而且共发酵后肥料中的碳更稳定，土壤中过氧化物酶活性增加（Yuan et al., 2017）。此外，生物炭与有机肥混合能促进土壤中微生物的周转，从而改善土壤性质（Ye et al., 2016）。Jindo 等（2012a）发现生物炭与有机肥（牲畜粪便和当地不同的有机废弃物）混施后，土壤微生物量有所降低，但土壤中脲酶、磷酸酶、多酚氧化酶的活性增加了 30%~40%，同时，变性梯度凝胶电泳结果显示，混施后土壤中的真菌多样性有所增加。微生物生物量的减少可能是因为生物炭具有巨大的表面吸收容量，其能吸收可溶性碳、杀虫剂、碳氢化合物和重金属等（Beesley et al., 2010）。另外，生物炭的存在使有机肥中可利用的养分元素减少，从而降低了微生物量。

　　有研究发现，生物炭能促进土壤微生物的分解作用（特别是 AM 真菌的侵染与活性）（Kolb et al.，2009），从而可促进微生物的对矿物分解及多糖的分泌，而多糖是促进土壤团聚体形成和稳定的重要物质（Kimetu and Lehmann，2010）。生物炭可为 AM 真菌提供躲避菌丝捕食者的避难所，利于菌丝的扩展，促进 AM 真菌的发育（Matysiak and Falkowski，2010），AM 真菌根外菌丝可以深入生物炭和有机肥的孔隙中，借助菌丝分泌物把有机肥和炭颗粒黏结在一起而形成团聚体。土壤营养物质可利用性的增强除了带来植物根系高的 AM 真菌定植率外，还能增强宿主植物的性能以及增大组织中的营养物质浓度（Ishii and Kadoya，1994）。但也有部分实验观察到生物炭或活性炭的添加对 AM 真菌的消极影响（Gaur and Adholeya，2000）。Matysiak 和 Falkowski（2010）测定了不同比例有机肥添加到泥炭基质中对 AM 真菌的影响，发现有机肥含量的增加，促进了 AM 真菌的发育。有机肥的添加通过增加微生物生物量、呼吸率和土壤酶活性，强烈影响土壤微生物群落（Albiach et al.，2001）。

3.4　生物炭和有机肥联合施加对土壤细菌群落的影响研究实例

3.4.1　材料与方法

　　选取生物炭和有机肥联合施加的小区进行裂区实验，共设三个处理：CK（对照，不施加任何改良剂）、FA（10t/hm² 生物炭+40t/hm² 有机肥）和 FB（20t/hm² 生物炭+40t/hm² 有机肥），每个处理重复三次，共 9 个 8m×8m 的小区，采取完全随机区组分布，小区之间设置 1m 的隔离带降低边缘效应。小区内分成四个裂区，分别播种两个红小豆品种——"珍珠红"（HD1）和"大红袍"（HD2），两个绿豆种——"小绿王"（LD1）和"绿丰 1 号"（LD2），共 12 个处理，36 个裂区。分别设为：CKH1、FAH1、FBH1（HD1），CKH2、FAH2、FBH2（HD2），CKL1、FAL1、FBL1（LD1），CKL2、FAL2、FBL2（LD2）。2017 年 5 月 1 日分别称取相应的改良剂施入各小区，旋耕机旋耕三次，使改良剂与土壤充分混合。再次翻耕打垄后进行播种，行距 60cm，株距 16cm，每个作物品种播种 3 垄/小区，每小区计 12 垄。按照常规农作方式进行管理，中间不补施任何肥料。

于作物的苗期、花期和收获期分别用五点法取作物根围土壤样品，一部分置于装有冰块的冷藏箱中带回实验室尽快进行土壤微生物量碳、微生物量氮及含水量的测定，另一部分土壤样品风干后用于其他土壤理化指标的测定。于 7 月中旬（花期）在每小区随机选取 10 株植物，采用抖根法获取植物根际土壤，混合均匀后取 5g 左右于 10mL 离心管中干冰保存带回，置于-80℃冰箱保存，用于进行高通量测序，分析土壤细菌群落结构组成及多样性等指标。

使用 OMEGA 试剂盒 E.Z.N.ATM Mag-Bind Soil DNA Kit 提取土壤样品中细菌群落总 DNA，用 1.0%的琼脂凝糖胶电泳检测所提取 DNA 的完整性。

使用 Qubit 3.0 DNA 检测试剂盒对基因组 DNA 精确定量，并对 16SrDNA（V3～V4 区）进行第一轮扩增。引物为 341F（5′-CCTACGGGNGGCWGCAG-3′）和 805R（3′-GACTACHVGGGTATCTAATCC-5′）。PCR 体系为 2×Taq master Mix 15μL，前引物（10μmol/L）1μL，后引物（10μmol/L）1μL，总 DNA 20ng，双蒸水 30μL。PCR 反应条件：94℃预变性 3min，94℃变性 30s，45℃退火 20s，65℃延伸 30s，5 次循环；然后 94℃变性 20s，55℃退火 20s，72℃ 延伸 30s，20 次循环；72℃终延伸 5min。PCR 结束后引入 Illumina 桥式 PCR 兼容引物，体系同上，按照如下反应条件进行第二次扩增：95℃预变性 3min，94℃变性 20s，55℃退火 20s，72℃延伸 30s，5 次循环；72℃终延伸 10min。第二次扩增结束后，对其产物进行琼脂糖凝胶电泳检测（图 3-3）。DNA 纯化回收后，利用 Qubit 3.0 DNA 检测试剂盒对回收的 DNA 精确定量，以方便按照 1∶1 等量混合后测序。等量混合时，每个样品 DNA 量取 10ng，最终上机测序浓度为 20pmol。提取的样品在-80℃条件下冷冻，送交生工生物工程（上海）股份有限公司进行高通量测序。

CKH1、FAH1、M、FBH1、CKH2、FAH2、FBH2、CKL1、FAL1、FBL1、CKL2、FAL2、FBL2

图 3-3　扩增后样品 DNA 琼脂糖凝胶电泳图

对高通量测序的原始下机数据根据序列质量进行初步筛查，通过质量初筛的序列按照引物和条形码（Barcode）信息，识别分配入对应样本，采用 QIIME version 1.5.0 去除非特异性扩增序列及嵌合体。将筛选后的高质量序列根据序列之间的距离进行聚类，以序列之间的相似性作为域值划分操作分类单元（operational taxonomic unit，OTU）（Greengenes：http://greengenes.secondgenome.com）。在97%的相似水平下对 OTU 进行聚类和生物信息统计分析。选择丰度最高的序列作为代表性序列，根据各样本 OTU 的分布情况绘制 Venn 图。用每个样品中 OTU 的数量与基因序列的拷贝数的比值（相对丰度）对 OTU 进行标准化，用于后续比较分析。

3.4.2　生物炭和有机肥对土壤细菌群落的影响

1）土壤细菌 OTU 分布

OTU 是在系统发生学或群体遗传学研究中，为了便于分析，人为给每个分类单元设置的同一标志，用于对数据进行归类。将所测得的样本序列间的距离进行聚类后，根据序列之间的相似性将序列分成不同的 OTU，本书在 97%相似水平下对 OTU 进行聚类及生物信息统计分析，共获得 17 498 个 OTU。采用 R 软件的 VennDiagram 软件包绘制 Venn 图，统计不同土壤样品中共有的和独有的 OTU 数目（图 3-4）。

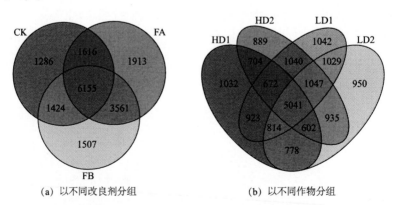

(a) 以不同改良剂分组　　　　　　(b) 以不同作物分组

图 3-4　以不同改良剂和不同作物分组的共有和独有的土壤细菌 OTU 分布 Venn 图

从图 3-4（a）可以看出，对照独有的 OTU 数量较 FA 和 FB 两个改良剂施加的处理低；对照与 FA 和 FB 处理共有的 OTU 数量分别为 7771 个和 7579 个，而

FA 和 FB 两个处理共有的 OTU 数量为 9716 个，可见改良剂施加后对土壤中细菌种类及组成产生显著影响，增加了土壤中细菌分类单元的数量。从图 3-4（b）可以看出，不同受试作物根围土壤样品中所测得的 OTU 差异不显著。由此反映出改良剂施加后对土壤中细菌种群数量及组成产生显著影响，增加了土壤中细菌分类单元物种的数量，而不同受试作物对其影响差异不显著。

2）土壤细菌群落多样性

细菌群落多样性水平的变化可反映群落的结构和组成存在差异。样品高通量测序获得的不同样品的序列数、OTU 数量及土壤细菌多样性指数见表 3-1，选取优质序列进行后续分析。随机抽取序列数与这些序列所代表的 OTU 数目构建稀疏曲线，横坐标代表随机的序列数量，纵坐标代表观测到的 OTU 数量。样品曲线越短则其测序序列数量越少，当曲线趋向平缓时，说明测序数据量合理，更多的数据量只会产生少量新的 OTU，反之，表明继续测序还可能产生较多新的 OTU。取稀疏曲线用来比对不同样本中的物种多样性，说明测序数据量是否能反映环境中的物种多样性。如图 3-5 所示，土壤样品所得序列在 40 000～60 000 条，曲线逐渐趋于平坦，说明测试数据量较为合理。由稀疏曲线可以看出，施加生物炭和有机肥的处理（FA 和 FB）的稀疏曲线最高值高于对照（CK），反映出二者联合施加后增加了土壤细菌的种属数量。

表 3-1　不同样品的序列数、OUT 数量及土壤细菌多样性指数

样品编号	序列量	OTU 数量	香农指数	ACE 指数	Chao1 指数	辛普森指数
CKH1	44 204	4 908	5.613	7 665.65	7 528.89	0.055
CKH2	54 512	5 358	5.572	10 124.12	8 314.98	0.054
CKL1	41 602	4 803	5.785	8 835.57	7 327.33	0.043
CKL2	62 408	5 706	5.736	8 484.60	8 030.95	0.045
FAH1	45 720	6 191	6.852	9 302.33	8 781.91	0.013
FAH2	61 643	6 954	6.734	10 545.57	10 033.19	0.016
FAL1	54 363	6 700	6.890	12 036.85	9 984.25	0.011
FAL2	63 076	7 484	7.126	10 807.35	10 388.02	0.009
FBH1	47 566	6 213	6.975	9 304.08	9 083.28	0.009
FBH2	58 539	6 464	6.537	9 636.98	9 313.03	0.019
FBL1	59 282	6 790	6.686	10 342.34	9 824.26	0.016
FBL2	54 619	6 048	6.683	10 907.25	9 111.86	0.013

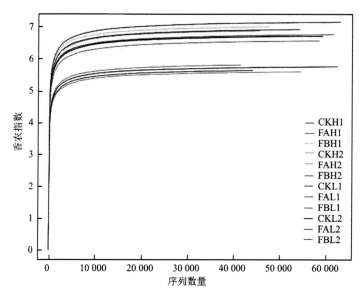

图 3-5　土壤细菌群落香农指数稀疏曲线图（见书后彩图）

　　由表 3-1 可知，HD2 和 LD2 的 OUT 数量以 FA 处理为最高，其次为 FB 处理，对照最低；HD1 和 LD1 的序列数量和 OTU 数量以 FB 处理为最高，其次为 FA 处理，对照最低。

　　丰富度指数（richness index）可反映样本中被检测到的 OTU 量，Chao1 指数和丰富度指数通常用于估计样品中的物种数目，香农指数（Shannon index）和辛普森指数（Simpson index）用于估算群落物种多样性。由表 3-1 可知，除 HD1 各处理的香农指数和 Chao1 指数为 FB>FA>CK 外，其他三种作物均为 FA>FB>CK；与香农指数和 Chao1 指数相反，辛普森指数均以 CK 为最高。由于辛普森指数越高，多样性越低，以上三种多样性指数可以反映出改良剂施加后，显著提高了细菌类群的多样性水平。

　　以不同改良剂处理和不同作物进行分组，比较不同分组下各处理土壤细菌群落多样性指数。结果表明，FA 处理和 FB 处理土壤细菌群落的香农指数、Chao1 指数、丰富度指数和辛普森指数均与对照有显著差异（P<0.05）（图 3-6）。其中，香农指数、Chao1 指数和丰富度指数由高到低均依次为 FA>FB>CK，辛普森指数由高到低为 CK>FB>FA。由此可见，生物炭和有机肥的施加能显著增加沙化土壤中细菌的种群数量，提高细菌群落丰富度和多样性，其中较少量生物炭与有机肥联合施加的处理对细菌数量及多样性的增效更显著。而不同作物根际土壤细菌群落的香农指数、Chao1 指数、丰富度指数和辛普森指数差异均

未达到显著水平（图 3-7），表明受试作物类型对土壤细菌群落多样性及丰富
度的影响差异不显著。

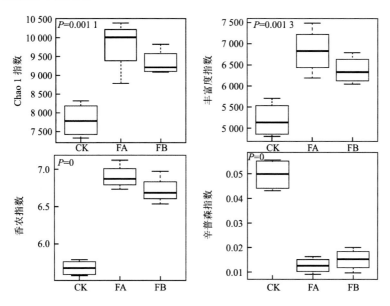

图 3-6　不同处理土壤细菌群落多样性指数比较

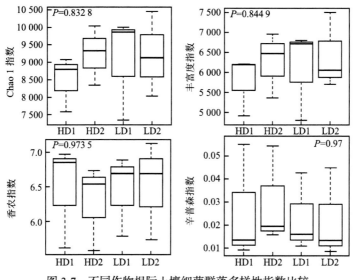

图 3-7　不同作物根际土壤细菌群落多样性指数比较

以土壤细菌群落的香农指数与土壤理化指标进行相关分析和显著性检验，结
果表明，土壤细菌群落的香农指数与土壤主要理化指标相关性显著（图 3-8），其

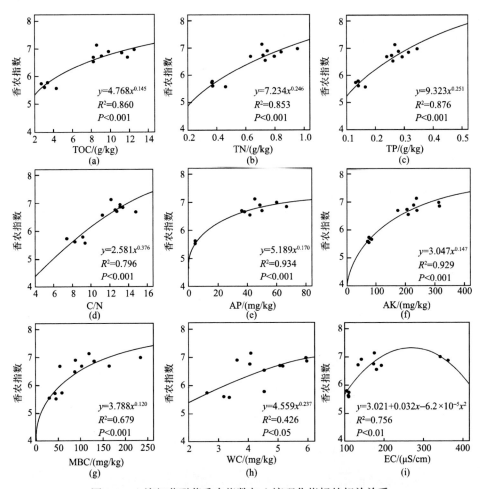

图 3-8   土壤细菌群落香农指数与土壤理化指标的相关关系

中与土壤总氮、总磷、速效磷、速效钾、总有机碳、微生物量碳含量及含水量均呈显著的幂函数关系，与土壤电导率呈显著的二次函数关系。由此可见，生物炭和有机肥联合施加使土壤中养分元素含量显著增加，进而可能对土壤细菌群落产生影响，使其多样性水平及群落结构组成发生变化。

有机肥是塑造土壤环境、植物生长环境和微生物群落生长环境的主要因子，生物炭的施加不仅能够影响营养物质的循环和植物的生长，而且能影响土壤微生物群落组成和微生物活性的变化（Liang et al.，2010；Kuzyakov et al.，2009；Wardle et al.，2008）。土壤有机碳的含量显著影响土壤微生物群落，而碳的结构与土壤微生物的结构和功能有很强的相关性（Ng et al.，2014）。生物炭和有机肥的物理

化学性质及其施加后引起的土壤物理化学性质的变化可以改变土壤微生物的活性
（Lehmann et al.，2011）和微生物群落的功能多样性（Dempster et al.，2011）。本
实验的土壤样品中获得的细菌 OTU 数量显著高于真菌群落的 OTU 数量，此结果
与 Su 等（2015）的研究结果一致，可能是因为对有限资源的竞争通常先促使一些
生长速度快的优势细菌菌群的增殖，表明土壤细菌可能在改良剂施加初期起主导
作用（Pascault et al.，2013），而且有机肥的施加可以向土壤中引入较多的新 OTU
（Ye et al.，2016）。Ye 等（2016）发现生物炭与有机肥施加 40d 后，土壤指标和
细菌群落均发生显著变化。改良剂刚施加时，有机肥先向土壤中输入一些新的细
菌类群，促进土壤微生物的周转，而且土壤理化指标与细菌群落有显著的相关性，
这些理化指标可以解释细菌多样性发生的变化。改良剂施加使土壤理化性质和养
分元素产生变化，进而改变了土壤微生物的生存环境，引起细菌群落结构和组成
的相应变化。从不同作物播种对土壤细菌菌群的影响来看，各作物之间差异不显
著，表明改良剂施加对土壤细菌群落的影响作用明显，其施加与否是产生不同处
理之间细菌群落多样性差异的主要原因，而生物炭的不同剂量对土壤细菌菌群影
响差异不显著。

3）土壤细菌群落结构组成

根据 OTU 比对得到各土壤中细菌在门水平上的相对丰度，由图 3-9 可知，土
壤细菌群落以变形菌门（Proteobacteria）相对丰度最高，其他相对丰度较高的菌门

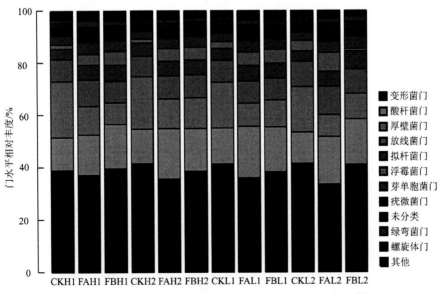

图 3-9　不同样品土壤细菌群落门水平结构分布图（见书后彩图）

包括酸杆菌门（Acidobacteria）、厚壁菌门（Firmicutes）、放线菌门（Actinobacteria）、拟杆菌门（Bacteroidetes）、芽单胞菌门（Gemmatimonadetes）、浮霉菌门（Planctomycetes）、疣微菌门（Verrucomicrobia）、绿弯菌门（Chloroflexi）、硝化螺旋菌门（Nitrospirae）、装甲菌门（Armatimonadetes）、迷踪菌门（Elusimicrobia）、产水菌门（Aquificae）和纤维杆菌门（Fibrobacteres）等。

　　根据样本的分类学比对结果，选出优势物种，结合物种相对丰度信息，采用 GraPhlAn 绘制分类和系统发育信息可视化图（图 3-10），将相对丰度前 20 的物种（以星号标出）所对应的属种按不同颜色标出，圆和星号的大小代表相对丰度大小。颜色越深代表物种相对丰度越高。在属水平上相对丰度前 20 的物种包括：变形菌门（Proteobacteria）的柠檬酸杆菌属（*Citrobacter*）、不动杆菌属（*Acinetobacter*）、马赛菌属（*Massilia*）、假单胞菌属（*Pseudomonas*）和鞘脂单胞菌属（*Sphingomonas*）；酸杆菌门（Acidobacteria）的旱杆菌属（*Aridibacter*）

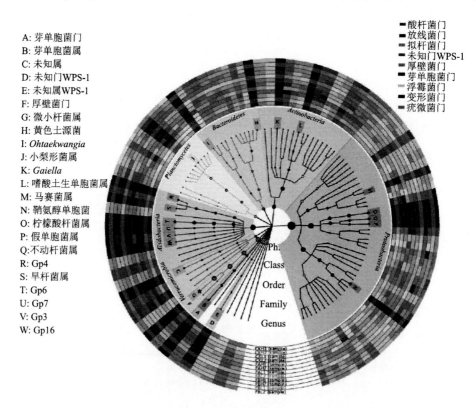

图 3-10　土壤细菌的分类和系统发育信息可视化图（见书后彩图）
图中暂未查询到中文菌名的用拉丁名表示，下同

和未定名的 5 个属——Gp3、Gp4、Gp6、Gp7 和 Gp16；放线菌门（Actinobacteria）的 *Gaiella*，嗜酸土生单胞菌属（*Aciditerrimonas*）；厚壁菌门（Firmicutes）的微小杆菌属（*Exiguobacterium*）；拟杆菌门（Bacteroidetes）的 *Flavisolibacter* 和 *Ohtaekwangia*；芽单胞菌门（Gemmatimonadetes）的芽单胞菌属（*Gemmatimonas*）和浮霉菌门（Planctomycetes）的小梨形菌属（*Pirellula*）。

4）土壤细菌群落结构差异比较

对不同处理细菌门水平的相对丰度进行多重比较（表 3-2），结果表明施加生物炭和有机肥（FA 和 FB 处理）的土壤中厚壁菌门（Firmicutes）细菌的相对丰度显著低于对照，而酸杆菌门（Acidobacteria）、拟杆菌门（Bacteroidetes）、芽单胞菌门（Gemmatimonadetes）、绿弯菌门（Chloroflexi）、硝化螺旋菌门（Nitrospirae）细菌的相对丰度均显著高于对照。改良剂施加后降低了土壤中最优势的菌群——变形菌门（Proteobacteria）细菌的相对丰度。其中较低浓度生物炭和有机肥联合施加的处理（FA）与对照差异显著（$P<0.05$），FA 处理中浮霉菌门（Planctomycetes）和疣微菌门（Verrucomicrobia）细菌相对丰度也显著高于对照（$P<0.05$）。而三个处理间放线菌门（Actinobacteria）细菌相对丰度无显著差异。

表 3-2　门水平土壤细菌相对丰度多重比较

门	相对丰度（平均值±标准差）/%		
	CK	FA	FB
变形菌门（Proteobacteria）	40.79±0.74a	35.50±0.73b	39.36±0.63a
酸杆菌门（Acidobacteria）	12.94±0.44b	18.30±0.97a	17.07±0.21a
厚壁菌门（Firmicutes）	19.20±1.07a	9.90±0.74b	10.03±0.76b
放线菌门（Actinobacteria）	8.57±0.41a	9.56±0.52a	8.64±0.32a
拟杆菌门（Bacteroidetes）	4.47±0.29b	5.80±0.15a	6.27±0.29a
浮霉菌门（Planctomycetes）	2.42±0.58b	5.32±0.69a	4.02±1.06ab
芽单胞菌门（Gemmatimonadetes）	3.28±0.07b	4.28±0.15a	4.33±0.16a
疣微菌门（Verrucomicrobia）	2.93±0.20b	3.88±0.35a	3.20±0.20ab
绿弯菌门（Chloroflexi）	1.31±0.26b	1.54±0.14a	1.41±0.46a
硝化螺旋菌门（Nitrospirae）	0.27±0.03b	0.35±0.05a	0.38±0.03a
装甲菌门（Armatimonadetes）	0.14±0.02b	0.25±0.03a	0.20±0.01ab
迷踪菌门（Elusimicrobia）	0.10±0.01a	0.10±0.01a	0.10±0.01a

续表

门	相对丰度（平均值±标准差）/%		
	CK	FA	FB
产水菌门（Aquificae）	0.04±0.01b	0.09±0.02a	0.09±0.01a
纤维杆菌门（Fibrobacteres）	0.04±0.01a	0.04±0.01a	0.03±0.01a

注：不同字母表示处理间差异显著（$P<0.05$）

总体上看，生物炭和有机肥的施加降低了变形菌门（Proteobacteria）和厚壁菌门（Firmicutes）细菌的相对丰度，而使酸杆菌门（Acidobacteria）、拟杆菌门（Bacteroidetes）、浮霉菌门（Planctomycetes）、芽单胞菌门（Gemmatimonadetes）、疣微菌门（Verrucomicrobia）和绿弯菌门（Chloroflexi）细菌的相对丰度有所增加。变形菌门是细菌中最大的一门，包括很多病原菌，如大肠杆菌、沙门氏菌、霍乱弧菌和幽门螺杆菌等，也有许多非病原菌，如很多可以固氮的细菌；厚壁菌门（Firmicutes）是一大类细菌，多数为革兰氏阳性细菌。此结果表明改良剂施加后一定程度上降低了土壤中致病菌的相对丰度，但从门水平上很难确定产生差异的是否为病原菌类群，因此，有必要对不同分类地位菌群的结构组成进行更具体的分析。热图（Heatmap）通过颜色变化反映群落分布的丰度信息，可直观地将群落分布丰度值用颜色深浅表示出来。同时将样品以及群落物种分布信息重新排布并聚类，可以很好地反映不同分类水平上群落分布组成的异同。采用 R 软件的 gplots package 分别绘制土壤细菌目水平和属水平物种丰富度热图（图 3-11 和图 3-12）。由图 3-11 可知，对照之间距离最近，与 FA 和 FB 处理距离较远，表明生物炭和有机肥的施加与否是影响土壤细菌群落物种相对丰度的最主要因素。除此之外，无论是不同处理还是不同作物聚类结果规律性均不强，说明生物炭施加量的不同及受试作物品种的差异对土壤细菌物种丰富度的影响差异不显著。FA 和 FB 处理厚壁菌门（Firmicutes）的芽孢杆菌目（Bacillales）、变形菌门（Proteobacteria）的肠杆菌目（Enterobacteriales）和假单胞菌目（Pseudomonadales）细菌相对丰度显著低于对照；而变形菌门（Proteobacteria）的 α-变形菌纲（Alphaproteobacteria）根瘤菌目（Rhizobiales）的硝化菌属（*Nitrobacter*）、根瘤菌属（*Rhizobium*）、德沃斯氏菌属（*Devosia*）、生丝微菌属（*Hyphomicrobium*）、红游动菌属（*Rhodoplanes*）、*Bauldia* 细菌和鞘脂单胞菌目（Sphingomonadales）细菌相对丰度显著高于对照（$P<0.05$）。

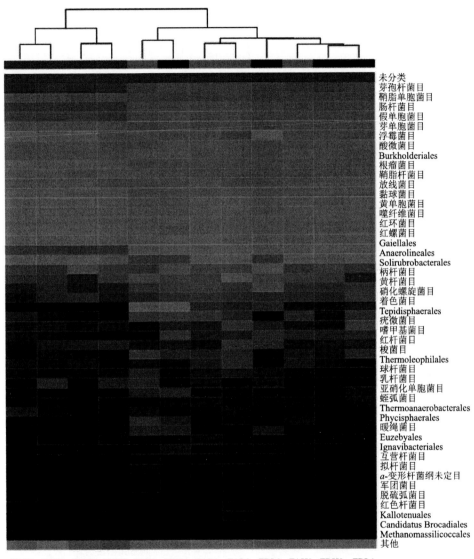

CKH1　CKL1　CKH2　CKL2　FAH1　FBH1　FAL1　FAL2　FBL2　FAH2　FBH2　FBL1

未分类
芽孢杆菌目
鞘脂单胞菌目
肠杆菌目
假单胞菌目
芽单胞菌目
浮霉菌目
酸微菌目
Burkholderiales
根瘤菌目
鞘脂杆菌目
放线菌目
黏球菌目
黄单胞菌目
噬纤维菌目
红环菌目
红螺菌目
Gaiellales
Anaerolineales
Solirubrobacterales
柄杆菌目
黄杆菌目
硝化螺旋菌目
着色菌目
Tepidisphaerales
疣微菌目
嗜甲基菌目
红杆菌目
梭菌目
Thermoleophilales
球杆菌目
乳杆菌目
亚硝化单胞菌目
蛭弧菌目
Thermoanaerobacterales
Phycisphaerales
暖绳菌目
Euzebyales
Ignavibacteriales
互营杆菌目
拟杆菌目
a-变形杆菌纲未定目
军团菌目
脱硫弧菌目
红色杆菌目
Kallotenuales
Candidatus Brocadiales
Methanomassilicoccales
其他

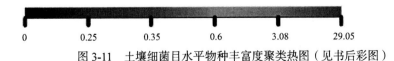

0　　　0.25　　　0.35　　　0.6　　　3.08　　29.05

图 3-11　土壤细菌目水平物种丰富度聚类热图（见书后彩图）

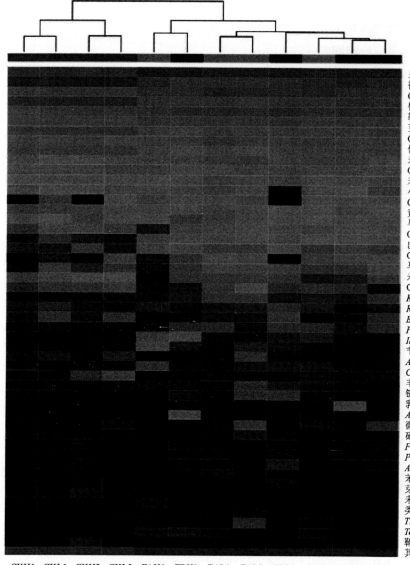

未分类
微小杆菌属
Gp6
柠檬酸杆菌属
鞘氨醇单胞菌属
芽单胞菌属
Gp4
假单胞菌属
未定属
Gp7
未定属WPS-1
小梨形菌属
Gp16
黄色土源菌
旱杆菌属
Ohtaekwangia
出芽菌属
Gp3
马赛菌属
未定属
Gp10
Kofleria
Ramlibacter
Blastocatella
Povalibacter
Iamia
节细菌属
Aquihabitans
Conexibacter
丰佑菌属
链霉菌属
乳酸杆菌属
Aquisphaera
微小杆菌属
硝化螺旋菌属
Flavitalea
Pontilbacter
Adbaeribacter
苯基杆菌属
芽孢杆菌属
未定属
类诺卡氏菌属
Thermogutta
Tepidisphaera
鞘氨醇杆菌属
其他

CKH1　CKL1　CKH2　CKL2　FAH1　FBH1　FAL1　FAL2　FBL2　FAH2　FBH2　FBL1

0.05　　0.25　　0.35　　0.6　　2.1　　23.1

图 3-12　各处理土壤细菌属水平物种丰富度热图（见书后彩图）

从图 3-12 可以看出，四种作物的对照聚为一类，距离最近，与其他改良剂施加的处理距离相对较远，表明生物炭和有机肥的施加与否是影响土壤细菌群落物种丰富度的最主要因素；FAH1 与 FBH1 聚为一类，表明"珍珠红"（HD1）根围土壤细菌类群在 FA 和 FB 处理间相似度较高；FAL1 和 FAL2 聚为一类，改良剂的施加剂量相同时，两种绿豆品种根围土壤细菌类群相似度较高，可见，改良剂特别是生物炭施加量的多少对土壤细菌类群的影响较作物品种差异的影响作用强。

以上结果表明，改良剂施加后大多数细菌的相对丰度从门水平到属水平上均有显著变化。对土壤中相对丰度较高的属的分类地位进行划分，同时对不同属细菌各处理间相对丰度差异进行多重比较（表 3-3），结果表明，生物炭和有机肥的施加显著降低了土壤中厚壁菌门（Firmicutes）的微小杆菌属（*Exiguobacterium*）和芽孢杆菌属（*Bacillus*）细菌以及变形菌门（Proteobacteria）的柠檬酸杆菌属（*Citrobacter*）、不动杆菌属（*Acinetobacter*）、假单胞菌属（*Pseudomonas*）和马赛菌属（*Massilia*）细菌的相对丰度。而两种改良剂施加后显著增加了变形菌门（Proteobacteria）的鞘脂单胞菌属（*Sphingomonas*）、芽单胞菌门的芽单胞菌属（*Gemmatimonas*），酸杆菌门（Acidobacteria）的旱杆菌属（*Aridibacter*）、Gp3、Gp6、Gp7、Gp10、Gp16 和 *Blastocatella*；，拟杆菌门（Bacteroidetes）的黄色土源菌（*Flavisolibacter*）和 *Ohtaekwangia*，芽单胞菌门（Gemmatimonadetes）的芽单胞菌属（*Gemmatimonas*），浮霉菌门（Planctomycetes）的小梨形菌属（*Pirellula*），硝化螺旋菌门（Nitrospirae）的硝化螺旋菌属（*Nitrospira*）细菌的相对丰度。

表 3-3　不同处理土壤细菌分类地位及属水平相对丰度多重比较

门	纲	目	科	属	相对丰度（平均值±标准差）/%		
					CK	FA	FB
酸杆菌门	酸杆菌纲	酸杆菌目	酸杆菌科_Gp3	Gp3	0.58±0.07b	0.73±0.11ab	0.80±0.06a
			酸杆菌科_Gp4	旱杆菌属	0.49±0.04b	1.01±0.06a	1.12±0.07a
				Blastocatella	0.37±0.03b	0.52±0.05a	0.58±0.03a
				Gp4	2.55±0.22a	3.23±0.33a	2.65±0.08a
			酸杆菌科_Gp6	Gp6	5.66±0.20b	8.65±0.43a	7.91±0.08a
			酸杆菌科_Gp7	Gp7	1.38±0.10b	1.45±0.18ab	1.73±0.07a
			酸杆菌科_Gp10	Gp10	0.40±0.01b	0.59±0.06a	0.53±0.03a
			酸杆菌科_Gp16	Gp16	0.75±0.06b	1.17±0.15a	0.94±0.04ab
放线菌门	放线菌纲	酸微菌目	微酸菌亚目	嗜酸土生单胞菌属	1.96±0.13a	1.76±0.10a	1.70±0.15a
			Iamiaceae	*Iamia*	0.35±0.02a	0.57±0.12a	0.43±0.05a
				Aquihabitans	0.36±0.02b	0.52±0.05a	0.44±0.03ab

续表

门	纲	目	科	属	相对丰度/%		
					CK	FA	FB
放线菌门	放线菌纲	放线菌目	微球菌科	节细菌属	0.47±0.04a	0.45±0.08a	0.40±0.03a
			链霉菌科	链霉菌属	0.28±0.04b	0.41±0.08ab	0.45±0.06a
		Gaiellales	Gaiellaceae	*Gaiella*	0.88±0.06a	1.01±0.10a	0.93±0.08a
		Solirubrob-acterales	Conexibacterac-eae	*Conexibacter*	0.53±0.11a	0.39±0.06a	0.37±0.04a
拟杆菌门	纤维黏网菌纲	噬纤维菌目	噬纤维菌科	*Ohtaekwangia*	0.54±0.06b	0.80±0.05a	0.93±0.10a
	鞘脂杆菌纲	鞘脂杆菌目	Chitinophagac-eae	黄色土源菌	0.76±0.07b	0.87±0.13b	0.98±0.06a
厚壁菌门	芽孢杆菌纲	芽孢杆菌目	芽孢杆菌科	芽孢杆菌属	0.42±0.02a	0.28±0.01b	0.25±0.02b
				微小杆菌属	17.4±1.07a	7.93±0.70b	9.77±2.09b
芽单胞菌门	芽单胞菌纲	芽单胞菌目	芽单胞菌科	芽单胞菌属	3.28±0.07b	4.28±0.15a	4.33±0.16a
硝化螺旋菌门	硝化螺旋菌纲	硝化螺旋菌目	硝化螺旋菌科	硝化螺旋菌属	0.27±0.03b	0.35±0.02a	0.38±0.03a
浮霉菌门	浮霉菌纲	浮霉菌目	浮霉菌科	出芽菌属	0.46±0.13a	0.89±0.19a	0.71±0.19a
				小梨形菌属	0.56±0.16b	1.22±0.20a	0.99±0.27ab
变形菌门	α-变形菌纲	根瘤菌目	慢生根瘤菌科	慢生根瘤菌属	0.13±0.02a	0.16±0.04a	0.17±0.03a
				硝化菌属	0.06±0.01b	0.13±0.02a	0.04±0.01a
				根瘤菌属	0.18±0.03b	0.25±0.03a	0.35±0.03a
			生丝微菌科	德沃斯氏菌属	0.13±0.02b	0.21±0.04ab	0.23±0.04a
				生丝微菌属	0.09±0.02b	0.31±0.05a	0.33±0.04a
				红游动菌属	0.06±0.01b	0.18±0.03a	0.14±0.02a
			未定科	*Bauldia*	0.08±0.01c	0.16±0.01a	0.12±0.01b
		红螺菌目	红螺菌科	乳酸杆菌属	0.25±0.02a	0.35±0.01a	0.54±0.22a
		鞘脂单胞菌目	鞘脂单胞菌科	鞘脂单胞菌属	5.06±0.22c	6.35±0.34b	7.35±0.21a
	β-变形菌纲	伯克氏菌目	丛毛单胞菌科	*Ramlibacter*	0.56±0.06a	0.37±0.08a	0.55±0.08a
			草酸杆菌科	马赛菌属	0.87±0.06a	0.57±0.11b	0.68±0.05b
	δ-变形菌纲	黏球菌目	Kofleriaceae	*Kofleria*	0.48±0.03a	0.53±0.01a	0.51±0.05a

续表

门	纲	目	科	属	相对丰度/%		
					CK	FA	FB
变形菌门	γ-变形菌纲	肠杆菌目	肠杆菌科	柠檬酸杆菌属	10.87±0.27a	5.07±0.33b	5.55±0.48b
		假单胞菌目	莫拉氏菌科	不动杆菌属	5.86±0.24a	2.60±0.11b	2.92±0.29b
			假单胞菌科	假单胞菌属	4.15±0.15a	1.85±0.15b	2.09±0.17b
		黄单胞菌目	华杆菌科	*Povalibacter*	0.27±0.03b	0.58±0.09a	0.59±0.14a
			黄单胞菌科	溶杆菌属	0.25±0.03a	0.30±0.02a	0.58±0.24a
疣微菌门	丰佑菌纲	丰佑菌目	丰佑菌科	丰佑菌属	0.33±0.04b	0.51±0.04a	0.43±0.06ab

注：表中暂未查询到中文菌名的用拉丁名表示，Gp3、Gp4、Gp6、Gp7、Gp10、Gp16 表示酸杆菌门的未定属名，下同。同一行中不同字母表示处理间差异显著（$P<0.05$）

5）土壤细菌群落 LEfSe 分析

LEfSe 是一种基于线性判别分析（linear discriminant analysis，LDA）效应量的分析方法，其本质是将线性判别分析与非参数的 Kruskal-Wallis 以及 Wilcoxon 秩和检验相结合，从而筛选关键的群落成员。采用 Kruskal-Wallis 秩和检验来检验不同处理细菌群落的菌群差异特征，运用 LDA 辨别分析估计不同处理影响的差异大小。

不同处理土壤细菌群落的 LEfSe 分析结果表明（图 3-13），不加改良剂的对照中厚壁菌门（Firmicutes）的芽孢杆菌科（Bacillales）微小杆菌属（*Exiguobacterium*）和芽孢杆菌属（*Bacillus*），变形菌门（Proteobacteria）的丛毛单孢菌科（Comamonadaceae）、肠杆菌目（Enterobacteriales）肠杆菌科（Enterobacteriaceae）的柠檬酸杆菌属（*Citrobacter*）和不动杆菌属（*Acinetobacter*）细菌相对丰度较高。较少量的生物炭和有机肥联合施加（FA 处理）酸杆菌门（Acidobacteria）的 Gp6、Gp16 和 *Blastocatella*，绿弯菌门（Chloroflexi）厌氧绳菌纲（Anaerolineae）的厌氧绳菌科（Anaerolineaceae）、变形菌门（Proteobacteria）的黏球菌目（Myxococcales）和着色菌目（Chromatiales）细菌相对丰度较高。较高量的生物炭和有机肥联合施加（FB 处理）酸杆菌门（Acidobacteria）的旱杆菌属（*Aridibacter*），拟杆菌门（Bacteroidetes）噬纤维菌目（Cytophagales）的 *Ohtaekwangia*，芽单胞菌门（Gemmatimonadetes）的芽单胞菌属（*Gemmatimonas*），变形菌门（Proteobacteria）下 α-变形菌纲（Alphaproteobacteria）的根瘤菌目（Rhizobiales）生丝微菌科（Hyphomicrobiaceae）及红螺菌目（Rhodospirillales）

的 *Lacibacterium* 和鞘脂单胞菌目（Sphingomonadales）的鞘脂单胞菌属（*Sphingomonas*），β-变形菌纲（Betaproteobacteria）红环菌科（Rhodocyclaceae）细菌相对丰度较高。

以不同作物进行归类，对不同受试作物根围土壤细菌群落组成进行 LEfSe 分析，没有发现不同作物间存在显著的组间差异。表明作物类型对土壤细菌群落的组成影响较小，而改良剂的施加对其菌群组成和结构起到主要作用。

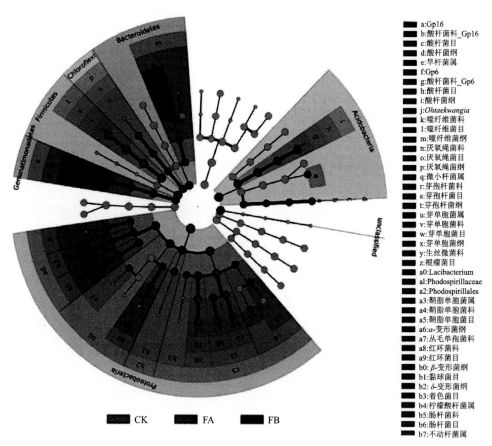

图 3-13　不同处理土壤细菌的 LEfSe 分析环形树状图（见书后彩图）

6）土壤细菌群落结构主成分分析

主成分分析（principal component analysis，PCA）可以简化数据集，减少数据集的维数，采用R软件的vegan package对各处理土壤分类得到的OTU进行主成分分析（图3-14），两点之间的距离越远表示细菌群落差异越大。第一主成分的影响程度为98%，第二主成分的影响程度为1%。对照之间的相似度较高，而施加改良剂的处理之间距离较近。生物炭和有机肥的施加对土壤细菌群落的影响作用明显，可见改良剂的施加与否是产生不同处理之间细菌差异的主要原因，而生物炭施加量的多少对其影响差异不明显。FAL1、FBL1、FAL2、FBL2处理距离较近，表明两种绿豆品种种植后对土壤细菌群落的影响作用较相似；FAH1、FAH2和FBH2处理距离较近，表明两种红小豆品种对土壤细菌群落的影响作用较相似，但HD1与两种绿豆品种的影响差异不明显。

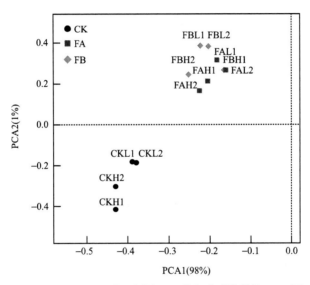

图 3-14 基于 OTU 的不同处理土壤细菌群落结构 PCA 图

亚马孙"黑土"中分离出的细菌群落以变形菌门（Proteobacteria）相对丰度最高，其次为放线菌门（Actinobacteria）（Nakamura et al., 2014）。Ye 等（2016）的研究发现有机肥和肥基生物炭的施加使土壤中绿弯菌门（Chloroflexi）、酸杆菌门（Acidobacteria）、放线菌门（Actinobacteria）、拟杆菌门（Bacteroidetes）和变形菌门（Proteobacteria）细菌均发生显著变化。本实验结果也表明，生物炭和有机肥的施加降低了变形菌门（Proteobacteria）和厚壁菌门（Firmicutes）细菌的相对丰度，增加了酸杆菌门（Acidobacteria）、拟杆菌门（Bacteroidetes）、浮霉菌门（Planctomycetes）、芽单胞菌门（Gemmatimonadetes）、疣微菌门（Verrucomicrobia）和绿弯菌门（Chloroflexi）细菌的相对丰度。与其不同的是，放线菌门（Actinobacteria）细菌在门水平上的相对丰度差异不大。可能的原因是变形菌门（Proteobacteria）和厚壁菌门（Firmicutes）细菌为快速增长型菌群，在富含碳的环境中快速增殖；而酸杆菌门（Acidobacteria）和绿弯菌门（Chloroflexi）细菌为慢速生长细菌，增速较慢（Pascault et al.，2013）。由于本实验是在生物炭和有机肥连续施加 5 年后取样，此时土壤中的微生物群落基本处于稳定阶段，快速生长型的变形菌门（Proteobacteria）和厚壁菌门（Firmicutes）细菌群落增速可能减慢，而改良剂的长期作用利于慢速生长型菌群的建立和增殖。由此可见，生物炭和有机肥的长期连续施加，使土壤中占绝对优势的变形菌门（Proteobacteria）和厚壁菌门（Firmicutes）的物种相对丰度降低，而使原来相对丰度较低的其他菌群得以增加（Doan et al.，2014）。

　　大多数研究结果表明，生物炭施加的土壤中变形菌门（Proteobacteria）细菌相对丰度较高（Nakamura et al.，2014；Sun et al.，2016），而本研究发现，低浓度生物炭和有机肥联合施加使变形菌门（Proteobacteria）细菌相对丰度显著低于对照。进一步对属水平细菌相对丰度进行分析，发现生物炭和有机肥施加使变形菌门（Proteobacteria）下的柠檬酸杆菌属（*Citrobacter*）、假单胞菌属（*Pseudomonas*）和不动杆菌属（*Acinetobacter*）相对丰度有所降低，此三类细菌部分为肠道致病菌，其中人类发酵菌感染中有 70%～80%是由假单胞菌引起的（Mundy et al.，2005），而变形菌门下的鞘脂单孢菌属（*Sphingomonas*）细菌相对丰度显著增加，此类细菌能够降解持久污染物，抑制植物病原菌生长，对生物技术有很重要的商业价值（White et al.，1996）。江琳琳（2016）发现鞘脂单胞菌属（*Sphingomonas*）细菌是生物炭施加后产生的特异性条带对应的菌属，证实了生物炭的施加可以有效增加污染物降解菌的相对丰度。α-变形菌纲（Alphaproteobacteria）根瘤菌目（Rhizobiales）细菌是土壤中能与豆科植物根系形成共生结构的细菌，其下大概有六个属的细菌具有固氮或解磷作用，本研究发现，施加生物炭和有机肥后土壤中的具固氮作用的根瘤菌属（*Rhizobium*）和德沃斯氏菌属（*Devosia*）（Rivas et al.，2002）增加效应显著。生丝微菌属（*Hyphomicrobium*）细菌具有降解污染物的作用，抗逆性强，红游动菌属（*Rhodoplanes*）细菌为化能营养性菌属，此两菌属通常利用单一碳源而适宜在养分缺乏的环境中生存。而且相关分析表明，根瘤菌目（Rhizobiales）细菌相对丰度与土壤总有机碳、总氮、总磷、速效钾、微生物量碳含量、电导率和含水量均呈极显著相关，表明生物炭和有机肥联合施加，通过改善土壤性状提高固氮菌的相对丰度。此两属细菌相对丰度的增多，表明实验区土壤养分仍较为缺乏，主要原因可能是当地降水较少，土壤含水量低，微生物的外界环境长期处在干旱胁迫条件下，促使部分抗逆性菌属增加。总体上看，改良剂的施加对变形菌门（Proteobacteria）中的部分病原菌产生显著的抑制作用，而使固氮菌和抗逆性菌群有所增加。

生物炭和有机肥的施加使厚壁菌门下的微小杆菌属（*Exiguobacterium*）细菌相对丰度降低，此类细菌有降解碳水化合物的作用。酸杆菌门的旱杆菌属（*Aridibacter*）细菌对 pH 和温度有较强的耐受性，可以生长在糖类、有机酸和多种复杂的蛋白质的基质上，对基质的代谢产生作用（Huber et al., 2014），生物炭和有机肥联合施加促进了适应贫瘠和逆境条件的旱杆菌属细菌的增殖，可能有利于提高植物对逆境的耐受。本实验发现改良剂施加处理土壤芽单胞菌门下的芽单胞菌属细菌相对丰度较对照高。芽单胞菌属细菌可以产生过氧化氢酶和氧化酶，促进过氧化氢的分解（Zhang et al., 2003），表明改良剂施加后可以促进代谢过氧化氢的细菌增殖，减少植物的过氧化作用。研究发现有机肥和生物炭联合施加后土壤中放线菌门的链霉菌属（*Streptomyces*）、气微菌属（*Aeromicrobium*）、诺卡氏菌属（*Nocardia*）和脂肪杆菌属（*Pimelobacter*），拟杆菌门的噬纤维菌科（Cytophagaceae）和 Chitinophagaceae 细菌丰度较对照有所增加。本研究中虽未发现生物炭和有机肥对放线菌门细菌相对丰度产生显著影响，但其门下的链霉菌属（*Streptomyces*）细菌相对丰度有显著增加，此类细菌可作为木质纤维素分解菌，对有机质循环有重要作用。此外，生物炭和有机肥联合施加土壤中拟杆菌门下噬纤维菌目的噬纤维菌科（Cytophagaceae）细菌和鞘脂杆菌目（Sphingobacteriales）的 Chitinophagaceae 细菌相对丰度较对照高，这些菌群对复杂的碳水化合物的降解起作用（Mcbride et al., 2014）。这表明生物炭和有机肥联合施加可以抑制病原菌的增殖，同时增加了抗逆性菌群以及能降解高分子化合物的菌群的相对丰度，改善了土壤细菌群落结构。

拟诺卡氏菌科（Nocardiopsaceae）细菌为革兰氏阳性病原菌，可能通过牛粪等外源引入土壤，施加牛粪短时间内（1d 后）土壤中拟诺卡氏菌科细菌相对丰度较高，而 40d 后，其相对丰度显著降低（Ye et al., 2016）。由此可见，虽然牲畜粪便能带入许多新的菌群，包括一些潜在的动物源病原体，但是这些病原微生物在外界不同环境条件下种群有所下降。本实验样品中基本未检出与拟诺卡氏菌科细菌相似度大于 97% 的 OTU。表明改良剂长期连续施加后，土壤中的部分外源致病菌群受到其他菌群的持续抑制，很难增殖，经过一段时间后逐渐被其他菌群取代，而不会影响土壤微生态环境的健康。

7）土壤细菌功能基因

采用 PICRUSt 软件对细菌基因组的基因功能构成进行分析比较,结果表明对照与 FA、FB 处理之间土壤细菌功能基因差异显著（$P<0.05$）,而不同受试作物对土壤细菌功能基因的影响差异均不显著。FA 和 FB 处理土壤细菌类群中的细胞运动,细胞骨架,核染色质结构和动态,细胞周期调控,辅酶转运与代谢,脂质运输与代谢,细胞壁与细胞膜合成,复制、重组和修复,信号传导机制,防御机制,RNA 加工与修饰功能基因较对照高;FB 处理的核苷酸运输和代谢、FA 和 FB 处理的氨基酸转运与代谢、碳水化合物转运与代谢、转录、无机离子代谢与转运基因较对照低。而 FA 和 FB 两个处理之间功能基因差异较小（图 3-15 和图 3-16）,除 FB 处理的 RNA 加工与修饰基因、未知功能基因显著高于 FB 外,其他功能基因之间的差异均未达显著水平,可见生物炭和有机肥的施加显著改变了土壤细菌的功能基因,而生物炭施加量对功能基因的影响较小。

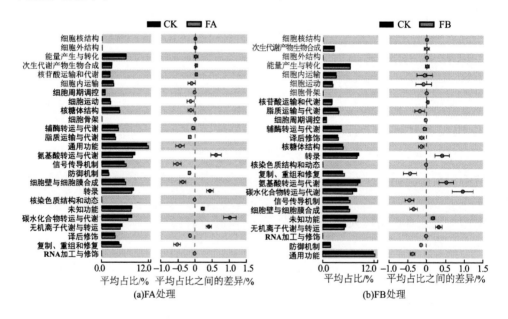

图 3-15　CK 与 FA 处理、FB 处理土壤细菌功能基因差异比较误差线图

加粗字体表示处理间差异显著（$P<0.05$）

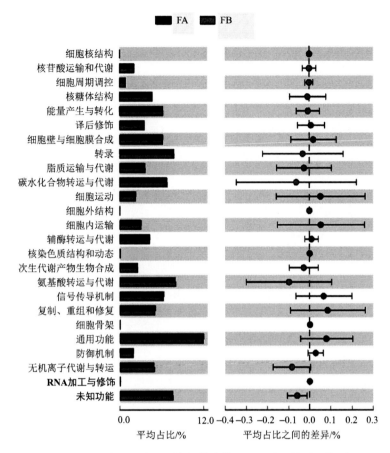

图 3-16 FA 与 FB 处理土壤细菌功能基因差异比较误差线图
加粗字体表示处理间差异显著（$P<0.05$）

基于土壤细菌基因功能进行主成分分析，结果表明，第一主成分对土壤细菌功能基因影响程度为 98.58%，第二主成分对其影响程度为 1.29%（图 3-17）；对照与 FA 和 FB 处理明显分开，而 FA 和 FB 处理聚类显著，表明改良剂施加后对土壤细菌基因功能产生重要的影响，而生物炭施加量的多少及不同受试作物对其影响差异不显著。

3.4.3 土壤细菌与环境因子相互关系

不同分类地位的主要细菌类群与土壤各理化指标的皮尔逊相关系数（表 3-4）表明，不同分类级别的土壤细菌物种相对丰度与土壤理化指标均显著相关，与土

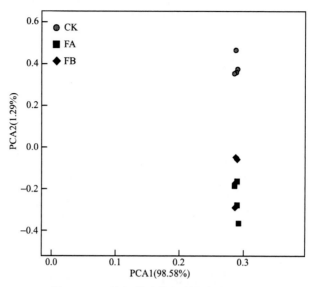

图 3-17　土壤细菌功能基因的主成分分析

壤总有机碳、速效磷、总磷和速效钾质量分数相关最显著。从门水平上看，土壤中酸杆菌门（Acidobacteria）、拟杆菌门（Bacteroidetes）、绿弯菌门（Chloroflexi）、芽单胞菌门（Gemmatimonadetes）和硝化螺旋菌门（Nitrospirae）细菌相对丰度与土壤总有机碳、总氮、速效磷和速效钾质量分数均呈显著正相关关系；而厚壁菌门（Firmicutes）细菌相对丰度与土壤总有机碳、总氮、速效磷和速效钾质量分数均呈显著负相关关系。除芽孢杆菌纲（Bacilli）及其下的芽孢杆菌目（Bacillales）和 γ-变形菌纲（Gammaproteobacteria）下的假单胞菌目（Pseudomonadales）、肠杆菌目（Enterobacteriales）与土壤电导率、含水量、总有机碳、总氮、速效磷、速效钾和微生物量碳含量呈显著负相关外，其他相对丰度较高的纲和目细菌的相对丰度与土壤主要理化指标呈现正相关关系。旱杆菌属（Aridibacter）、芽单胞菌属（Gemmatimonas）、鞘脂单胞菌属（Sphingomonas）和 Ohtaekwangia 细菌相对丰度与土壤电导率、含水量、总有机碳、总氮、速效磷、速效钾和微生物量碳含量呈正相关关系；不动杆菌属（Acinetobacter）、柠檬酸杆菌属（Citrobacter）、微小杆菌属（Exiguobacterium）、马赛菌属（Massilia）和假单胞菌属（Pseudomonas）细菌相对丰度与以上土壤理化指标呈负相关关系。

表 3-4　土壤细菌相对丰度与土壤理化指标之间的皮尔逊相关系数

		TOC	TN	AP	AK	WC	EC	MBC
门	酸杆菌门（Acidobacteria）	0.776**	0.753**	0.765**	0.706*	0.391	0.288	0.494
	拟杆菌门（Bacteroidetes）	0.908**	0.873**	0.875**	0.794*	0.657*	0.503	0.746**
	绿弯菌门（Chloroflexi）	0.829**	0.811**	0.834**	0.896**	0.700*	0.821**	0.671*
	厚壁菌门（Firmicutes）	−0.896**	−0.886**	−0.898**	−0.885**	−0.624*	−0.562	−0.728**
	芽单胞菌门（Gemmatimonadetes）	0.931**	0.894**	0.914**	0.892**	0.707*	0.626*	0.682*
	硝化螺旋菌门（Nitrospirae）	0.704*	0.667*	0.680*	0.584*	0.489	0.250	0.438
纲	酸杆菌纲（Acidobacteria_Gp6）	0.800**	0.786**	0.791**	0.748**	0.440	0.372	0.513
	厌氧绳菌纲（Anaerolineae）	0.792**	0.790**	0.813**	0.880**	0.716**	0.853**	0.615*
	α-变形菌纲（Alphaproteobacteria）	0.949**	0.921**	0.922**	0.865**	0.725**	0.617*	0.826**
	芽孢杆菌纲（Bacilli）	−0.897**	−0.889**	−0.902**	−0.893**	−0.633*	−0.578*	−0.727**
	δ-变形菌纲（Deltaproteobacteria）	0.978**	0.958**	0.973**	0.965**	0.804**	0.800**	0.794**
	γ-变形菌纲（Gammaproteobacteria）	−0.899**	−0.895**	−0.910**	−0.888**	−0.570	−0.550	−0.674*
	芽孢胞菌纲（Gemmatimonadetes）	0.931**	0.894**	0.914**	0.892**	0.707*	0.626*	0.682*
	鞘脂杆菌纲（Sphingobacteria）	0.746**	0.710**	0.702*	0.592*	0.418	0.216	0.565
目	厌氧绳菌目（Anaerolineales）	0.794**	0.793**	0.816**	0.882**	0.718**	0.854**	0.616*
	芽孢杆菌目（Bacillales）	−0.895**	−0.886**	−0.899**	−0.892**	−0.633*	−0.579*	−0.729**
	噬纤维菌目（Cytophagales）	0.920**	0.903**	0.911**	0.860**	0.787**	0.702*	0.817**
	肠杆菌目（Enterobacteriales）	−0.934**	−0.926**	−0.942**	−0.931**	−0.650*	−0.634*	−0.733**
	芽单胞菌目（Gemmatimonadales）	0.932**	0.896**	0.918**	0.896**	0.714**	0.632*	0.677*
	黏球菌目（Myxococcales）	0.957**	0.951**	0.963**	0.962**	0.713**	0.789**	0.774**
	硝化螺旋菌目（Nitrospirales）	0.711**	0.675*	0.688*	0.592*	0.505	0.260	0.443
	假单胞菌目（Pseudomonadales）	−0.939**	−0.953**	−0.959**	−0.940**	−0.639*	−0.662*	−0.747**
	根瘤菌目（Rhizobiales）	0.951**	0.934**	0.946**	0.942**	0.820**	0.753**	0.856**
	红环菌目（Rhodocyclales）	0.700*	0.737**	0.711**	0.698*	0.603*	0.618*	0.734**
	红螺菌目（Rhodospirillales）	0.808**	0.847**	0.839**	0.846**	0.770**	0.881**	0.901**
	鞘脂杆菌目（Sphingobacteriales）	0.760**	0.726**	0.719**	0.608*	0.431	0.226	0.566
	鞘脂单胞菌目（Sphingomonadales）	0.818**	0.769**	0.769**	0.668*	0.537	0.323	0.588*
	黄单胞菌目（Xanthomonadales）	0.838**	0.877**	0.865**	0.873**	0.807**	0.874**	0.798**

续表

		TOC	TN	AP	AK	WC	EC	MBC
科	厌氧绳菌科（Anaerolineaceae）	0.819**	0.817**	0.839**	0.900**	0.705**	0.838**	0.629*
	芽孢杆菌科（Bacillaceae）	−0.915**	−0.909**	−0.910**	−0.897**	−0.801**	−0.748**	−0.857**
	赤杆菌科（Erythrobacteraceae）	0.897**	0.908**	0.917**	0.927**	0.814**	0.809**	0.845**
	芽单胞菌科（Gemmatimonadaceae）	0.931**	0.897**	0.916**	0.888**	0.643*	0.572	0.672*
	生丝微菌科（Hyphomicrobiaceae）	0.957**	0.962**	0.972**	0.983**	0.818**	0.860**	0.886**
	硝化螺旋菌科（Nitrospiraceae）	0.746**	0.709**	0.723**	0.630*	0.472	0.260	0.470
	丰佑菌科（Opitutaceae）	0.675*	0.690*	0.692*	0.754**	0.310	0.532	0.687*
	根瘤菌科（Rhizobiaceae）	0.666*	0.635*	0.623*	0.537	0.512	0.221	0.546
	叶杆菌科（Phyllobacteriaceae）	0.716**	0.680*	0.706**	0.770**	0.773**	0.804**	0.643*
	多囊菌科（Polyangiaceae）	0.725**	0.750**	0.732**	0.667**	0.451	0.430	0.613*
	黄色杆菌科（Xanthobacteraceae）	0.821**	0.831**	0.841**	0.891**	0.796**	0.931**	0.700**
属	不动杆菌属（Acinetobacter）	−0.928**	−0.948**	−0.951**	−0.935**	−0.626*	−0.681*	−0.736**
	旱杆菌属（Aridibacter）	0.934**	0.914**	0.917**	0.856**	0.664*	0.548	0.770**
	柠檬酸杆菌属（Citrobacter）	−0.933**	−0.925**	−0.941**	−0.930**	−0.653*	−0.636*	−0.728**
	微小杆菌属（Exiguobacterium）	−0.897**	−0.887**	−0.901**	−0.895**	−0.635*	−0.582	−0.726**
	芽单胞菌属（Gemmatimonas）	0.931**	0.894**	0.914**	0.892**	0.707*	0.626*	0.682*
	马赛菌属（Massilia）	−0.615*	−0.640*	−0.646*	−0.702*	−0.584*	−0.690*	−0.379
	Ohtaekwangia	0.927**	0.941**	0.931**	0.891**	0.774**	0.806**	0.903**
	假单胞菌属（Pseudomonas）	−0.932**	−0.931**	−0.944**	−0.922**	−0.658*	−0.617*	−0.731*
	鞘脂单胞菌属（Sphingomonas）	0.777**	0.735**	0.731**	0.623*	0.484	0.260	0.539

注：*表示因子间显著相关，$P<0.05$；**表示因子间极显著相关，$P<0.01$

　　根据土壤主要理化指标与聚类后的 OTU 进行典型相关分析（canonical correlation analysis，CCA）（图 3-18），结果显示，土壤 pH、电导率、总有机碳、总氮、速效磷、速效钾、速效氮、微生物量氮含量与土壤细菌类群显著相关，其中土壤 pH、总有机碳、总氮、速效磷、速效钾和微生物量氮的贡献较大。细菌相对丰度与土壤 pH 呈现负相关关系，与其他指标呈现正相关关系。土壤理化性质对土壤细菌类群组成及相对丰度产生显著影响，特别是总有机碳、速效磷、速效钾等养分元素作用显著。可见，外来改良剂的输入改变了土壤理化性质，作用于

土壤中的细菌群落，使其多样性及结构发生变化。同时，土壤细菌能促进土壤的
物质周转，反作用于土壤环境，进而对作物生长和产量产生影响。

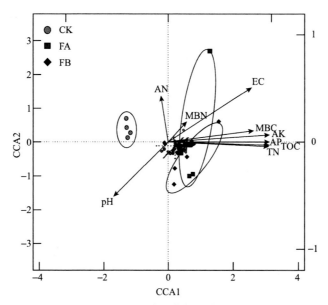

图 3-18　基于 OTU 的土壤细菌与环境因子关系 CCA 图

　　生物炭能增加土壤中的碳含量，对土壤中快速增殖的细菌产生诱导作用。生
物炭和有机肥连续施加后土壤细菌代谢功能发生显著变化，可提高土壤细菌运动
性，促进生物合成作用，加快辅酶的转运与代谢，促进脂质化合物（难降解有机
物）及蛋白质的代谢，提高防御机制等。在改良剂施加初期，土壤中释放的二氧
化碳主要来自生物炭中的有机碳和无机碳（Jones et al., 2011）。另有研究表明，
裂解生物炭施加后，在 2.5 年内显著提高了土壤有机质的矿化速率（40%），而
7.1 年后，矿化速率有所降低（3%）（Dharmakeerthi et al., 2015）。本研究也发
现，改良剂施加使能量生产与转换速度以及碳水化合物代谢功能优势下降。Liang
等（2010）发现长期施加生物炭的土壤与邻近其他土壤相比，其有机质的周转速
度有所降低。Sun 等（2016）发现生物炭的施加促进了细菌对外源物质的利用，
但是减弱了对碳水化合物的利用，这可能是由于生物炭中高分子酚类物质的存在，
抑制了微生物对可利用性碳源的分解作用。外源物质与生物炭可能产生共代谢作
用促进含多环芳烃结构的生物炭的降解。有机肥提供的氮源易被微生物直接利用，
可促进细菌对蛋白质的利用和代谢。

3.5　生物炭和有机肥改善土壤细菌群落的作用机制

　　有机肥可向土壤中输入一些新菌群，生物炭可为土壤微生物提供栖息场所以躲避捕食者，利于微生物的繁殖。有机肥中含有多种细菌、真菌和放线菌，它们参与有机质的分解作用，其生理活性可以促进植物生长和维持土壤健康，是塑造土壤微生物环境的主要因素之一（Mehta et al.，2014）。有机肥可促进土壤细菌及养分的周转，其微生物的多样性能抑制对植物生长有潜在威胁的病原菌和致病菌的生长（Fischer and Glaser，2012）。此外，有机肥也可能带入一些动物肠道细菌，但此类细菌种群在外界环境的作用下会显著减少，逐渐被群落中的土著优势种所替代（Ye et al.，2016）。生物炭颗粒的气孔可使大多数土壤细菌和真菌进入，同时阻挡了比其颗粒孔隙大的捕食者。生物炭高比表面积和多孔性，加之其活性表面被水膜包围，富含可溶解的养分，使其成为微生物理想的栖息地（Fischer and Glaser，2012），而且细菌很容易侵染生物炭颗粒（Samonin and Elikova，2004），用以防护捕食者的捕食（Saito，1990）。生物炭特殊的表面特征使其可以为土壤微生物与植物根毛之间的水分及养分的储存和交换提供基质，促进有益菌群，如固氮菌、纤维素分解菌及污染物降解菌的生长及繁殖（Rondon et al.，2007）。生物炭特殊的性质可以使土壤或有机肥中非优势菌群显著增加，其含有的多环结构分解速度慢，可能对土壤中一些破坏性的和致病性的菌群产生抑制作用，同时使一些有益菌群得以增殖，利于土壤生态的健康（Doan et al.，2014）。

　　生物炭和有机肥联合施加通过改善土壤理化性质促进土壤微生物群落的建成，提高群落多样性水平。微生物活性与土壤水分含量密切相关，生物炭和有机肥通过提高土壤水分和养分的保持能力，促进土壤微生物的生长（Watzinger et al.，2014）。生物炭和有机肥联合施加对土壤总有机碳、总氮含量、阳离子交换量以及速效养分元素含量产生协同作用，向土壤中输入大量养分可以促进细菌的生长及周转，增加土壤细菌多样性，改变微生物的活性及群落组成（Lehmann et al.，2011）。由于生物炭和有机肥的施加改变了土壤基质的性质，土壤细菌群落结构发生变化，土壤中一些细菌类群，如链霉菌属（*Streptomyces*）和噬纤维菌科（Cytophagaceae）细菌等分解菌和固氮菌丰度的增加，促进土壤有机质的降解和氮素的固定。一些菌根有益细菌能分泌代谢物，如类黄酮和呋喃等，促进菌丝的生长以及菌根真菌对植物根的侵染（Hildebrandt et al.，2006）。根瘤菌能在植物附近生成抑制类黄酮产生的化合物，影响丛枝菌根对植物根系的侵染（Xie et al.，1995），进而作用于植物生长。此外，土壤群落中非致病菌可能与病原菌存在竞争关系，如假单胞菌属（Pseudomonas）细菌有抑制病原菌的作用，近期研究进一步表明，其可以与土壤中的病原菌竞争养分，降低病原菌的作用，促进植物生长（Kyselková and Moënne-Loccoz，2012）。

3.6　生物炭和有机肥联合施加对沙化土壤真菌群落的影响实例

3.6.1　材料与方法

实验方案同 3.4.1 节。于作物的苗期、花期和收获期分别用五点法取作物根围土壤样品，一部分置于装有冰块的冷藏箱中带回实验室尽快进行微生物量碳、微生物量氮和土壤含水量的测定，另一部分风干后用于土壤其他理化指标的测定。于 2017 年 7 月中旬（花期）从每小区选取 10 株植物，抖根法获得植物根际土壤，混合均匀后分别取 5g 左右于 10mL 离心管中干冰保存带回，置于 -80℃冰箱保存，用于进行高通量测序分析土壤真菌以及群落结构组成和多样性等指标。

采用 OMEGA 公司的 E.Z.N.A.TM Soil DNA Kit 提取纯化试剂盒提取土壤样品中真菌总 DNA，用 1.0%的琼脂糖凝胶电泳检测 DNA 质量，用 Nano Drop ND-1000 荧光分光光度计（Nano Drop Technologies，Wilmington，DE，USA）测定土壤总 DNA 的浓度。对提取基因的 ITS1 区进行 PCR 扩增，扩增引物为：F（5′-GGAAGTAAAAGTCGTAACAAGG-3′），R（3′-GCTGCGTTCTTCATCGATGC-5′）。扩增体系总体积 25μL，含 5×reaction buffer 5μL；5×GC buffer 5μL，dNTP（2.5mmol/L）2μL，前引物（10μmol/L）1μL，后引物（10μmol/L）1μL，DNA 模板 2μL，双蒸水 8.75μL，Q5 DNA 聚合酶 0.25μL。反应条件为：98℃预变性 2min，98℃变性 15s，55℃ 退火 30s，72℃延伸 30s，72℃终延伸 5min，30 个循环。

PCR 扩增产物通过 2%琼脂糖凝胶电泳检测，采用 AXYGEN 公司的凝胶回收试剂盒对目标片段进行回收。采用荧光试剂 Quant-iT PicoGreen dsDNA Assay Kit，定量仪器 Microplate reader（BioTek，FLx800）对 PCR 扩增后的回收产物进行荧光定量。根据荧光定量结果，将各样本按相应比例进行混合。采用 Illumina 公司的 TruSeq Nano DNA LT Library Prep Kit 制备测序文库，在上海派森诺生物科技股份有限公司进行高通量测序。

　　ITS 真菌核糖体数据库参照 Unite 数据库。

3.6.2　不同处理土壤真菌 OTU 分布

　　采用 R 软件的 VennDiagram 软件包绘制 Venn 图，统计不同土壤样品中共有的和独有的 OTU 数目（图 3-19），由图 3-19 可知，对照独有的 OTU 数量较 FA 和 FB 处理高，而对照与 FA 和 FB 处理共有的 OTU 数量（分别为 659 和 655）均明显少于 FA 和 FB 两个处理共有的 OTU 数量（828）[图 3-19（a）]。可见，改良剂施加后对土壤中真菌种类及组成产生显著影响。从不同受试作物品种来看，两种红小豆品种（HD1 和 HD2）根围土壤样品中独有的 OTU 数量略低于两种绿豆品种（LD1 和 LD2）[图 3-19（b）]，可见受试作物类型的不同可能对土壤真菌群落产生影响。

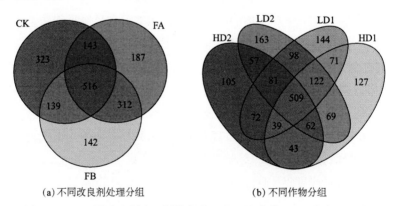

(a) 不同改良剂处理分组　　　　　　　　　　(b) 不同作物分组

图 3-19　以不同改良剂和不同作物分组的土壤真菌 OTU 分布 Venn 图

3.6.3　土壤真菌群落多样性及结构组成

1）土壤真菌群落多样性水平

　　根据 OTU 比对得到各土壤中细菌在门水平上的相对丰度，对不同处理细菌菌群门水平上的相对丰度多重比较见表 3-5。结果表明，不同改良剂处理组内差异较大，而不同处理之间差异不显著（$P>0.05$）。生物炭和有机肥的联合施加对土壤真菌群落多样性指数也未产生显著影响。不同受试作物种植区土壤真菌序列数和

OTU 数量差异也不显著（*P*>0.05）。

表 3-5　不同样品获得的土壤真菌序列数、OTU 数量及群落多样性指数

样品编号	序列数	OTU 数量	香农指数	ACE 指数	Chao1 指数	辛普森指数
CKH1	36 454	507	5.84	548	548	0.944
CKH2	38 359	573	5.98	568	568	0.954
CKL1	41 560	529	6.26	593	592	0.962
CKL2	42 990	537	6.07	620	617	0.956
FAH1	40 248	489	6.07	593	593	0.939
FAH2	40 095	518	5.49	511	511	0.942
FAL1	42 176	563	6.55	733	731	0.959
FAL2	42 132	691	6.48	664	664	0.963
FBH1	42 400	560	5.97	559	554	0.956
FBH2	45 290	572	5.37	562	556	0.903
FBL1	39 981	609	5.23	602	602	0.888
FBL2	43 204	629	6.21	661	656	0.962

　　生物炭施加后，可使土壤真菌区系发生变化，有机肥的施加不仅将营养成分带入土壤，而且影响土壤微生物多样性，改变土壤微生物过程（Ogawa and Okimori，2010）。对亚马孙"黑土"及人为施加生物炭的土壤研究结果显示，其真菌种群发生了明显变化（Hartmann et al.，2015）。特别是有机肥的施加能增加土壤的真菌多样性（Luo et al.，2015）。丰富的微生物群落能增强土壤对土传病害的抑制能力。但也有相反的结果，如 He 等（2008）发现长期连续施加有机肥，特别是牲畜粪便可能降低土壤真菌多样性，pH > 8 的炭肥的施加抑制了土壤真菌的繁殖。土壤微生物群落组成和多样性与土传病害的发生存在一定联系，但二者的关系比较复杂。Nitta（1991）发现，真菌的多样性与 *Acremonium gregatum* 引起的豆科植物茎褐腐病发生率呈负相关。一般来说，健康土壤中真菌多样性显著高于感病土壤。吴照祥等（2015）发现土壤真菌多样性与其抑制土传病害能力间的关系甚微。本实验也发现生物炭和有机肥联合施加后，土壤中真菌群落多样性未发生显著变化。有研究表明，生物炭施加后，真菌被固定在其中，降低了土壤真菌丰度水平，这也可能是本研究中发现的生物炭与有机肥施加后土壤真菌群落多样性水平未显著增加的原因。Loeuille（2010）认为土壤中微生物类群多而且组成复杂，功能冗余现象严重。因此，并不能简单地以真菌群落生物多样性水平来表征土壤的健康状况。

2）土壤真菌群落结构分析

根据 OTU 比对获得各处理土壤细菌在门水平上的相对丰度（表 3-6），土壤中的真菌类群以子囊菌门（Ascomycota）真菌为优势菌种，其次为担子菌门（Basidiomycota）、接合菌门（Zygomycota）、球囊菌门（Glomeromycota）、壶菌门（Chytridiomycota）和罗兹菌门（Rozellomycota）。

表 3-6 土壤真菌门水平相对丰度多重比较

门	相对丰度（平均值±标准差）/%		
	CK	FA	FB
子囊菌门（Ascomycota）	83.04±1.43b	82.35±1.96ab	90.72±1.24a
担子菌门（Basidiomycota）	7.11±1.01a	7.23±1.20a	4.08±0.71b
接合菌门（Zygomycota）	2.64±0.36a	0.90±0.22b	1.15±0.27b
球囊菌门（Glomeromycota）	0.03±0.02b	0.59±0.24a	0.64±0.09a
壶菌门（Chytridiomycota）	0.47±0.23a	0.13±0.04a	0.13±0.05a
罗兹菌门（Rozellomycota）	0.08±0.04a	0.22±0.11a	0.23±0.04a

注：不同字母表示处理间差异显著，$P<0.05$

使用 Mothur 软件的 Metastats 进行处理间差异显著性分析，并绘制真菌相对丰度分布比较图（图 3-20）。结果表明，较高量生物炭和有机肥联合施加（FB 处理）优

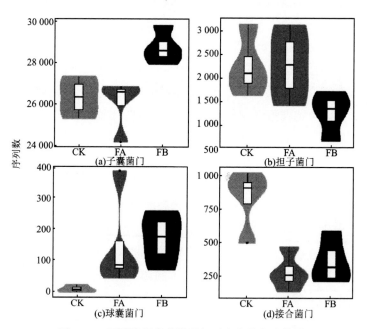

图 3-20 不同处理真菌类群相对丰度分布比较图

势菌群子囊菌门（Ascomycota）真菌及可与植物共生的球囊菌门（Glomeromycota）真菌相对丰度显著增加（$P<0.05$），担子菌门（Basidiomycota）和接合菌门（Zygomycota）真菌相对丰度显著降低（$P<0.05$）。较低量生物炭和有机肥联合施加（FA 处理）的球囊菌门（Glomeromycota）真菌相对丰度显著增加（$P<0.05$），接合菌门（Zygomycota）真菌丰度显著降低（$P<0.05$）。

由土壤真菌的分类地位及不同处理属水平相对丰度的多重比较（表 3-7）可知，生物炭和有机肥的施加对土壤中的真菌类群相对丰度产生显著的影响。对照土壤中的真菌主要优势类群有毛壳菌属（*Chaetomium*）、亚隔孢壳属（*Didymella*）、黄丝曲霉属（*Talaromyces*）、被孢霉属（*Mortierella*）、曲霉属（*Aspergillus*）、赤霉菌属（*Gibberella*）和 *Vollutella* 等，施加生物炭和有机肥土壤真菌的主要优势类群有柄孢壳菌属（*Podospora*）、毛壳菌属（*Chaetomium*）、镰孢菌属（*Fusarium*）、沃德霉属（*Wardomyces*）和金孢子菌属（*Chrysosporium*）等。生物炭和有机肥联合施加显著降低了子囊菌门（Ascomycota）的黄丝曲霉属（*Talaromyces*）、毛壳菌属（*Chaetomium*）、周刺座霉属（*Volutella*）、赤霉菌属（*Gibberella*）、漆斑菌属（*Myrothecium*）、*Lectera* 和接合菌门（Zygomycota）被孢霉属（*Mortierella*）真菌的相对丰度。子囊菌门（Ascomycota）的金孢子菌属（*Chrysosporium*）、柄孢壳菌属（*Podospora*）、镰孢菌属（*Fusarium*）和 *Wardomyces*，担子菌门（Basidiomycota）的珊瑚菌属（*Clavaria*）真菌相对丰度显著增加。黄丝曲霉属（*Talaromyces*）真菌在自然界分布较广，是引起多种物质霉腐的主要微生物之一；周刺座霉属（*Volutella*）容易引起作物和一些药材根腐病的发生；赤霉菌属（*Gibberella*）中包括许多寄生性植物病原菌；毛壳菌属（*Chaetomium*）是一类重要的生防真菌；被孢霉属（*Mortierella*）真菌是一类可以产生多烯不饱和脂肪酸的低等真菌，被广泛应用于 γ-亚麻酸的发酵生产。可见，生物炭和有机肥联合施加降低了一些可能引起作物土传病害的真菌相对丰度，同时也对一些具有生防作用的真菌产生抑制作用。

表 3-7 土壤真菌属水平相对丰度的多重比较

属	相对丰度/%		
	CK	FA	FB
亚隔孢壳属	4.76±2.34a	0.81±0.21 a	2.14±0.82a

续表

属	相对丰度/%		
	CK	FA	FB
曲霉属	2.08±1.98a	1.74±0.54a	3.45±2.20a
黄丝曲霉属	4.41±1.99a	0.38±0.22b	0.64±0.53b
金孢子菌属	0.04±0.01c	1.78±0.38a	0.72±0.16b
假裸囊菌属	1.61±0.47a	0.70±0.22a	1.47±0.58a
大孢圆孢霉属	0.00±0.00b	0.36±0.09a	0.42±0.07a
柄孢壳菌属	0.17±0.04b	13.06±5.73a	11.99±4.04a
毛壳菌属	10.74±3.16a	3.83±1.34b	3.43±1.46b
镰孢菌属	1.09±0.33b	2.77±1.02ab	6.73±2.60a
周刺座霉属	1.88±0.66a	0.12±0.08b	0.04±0.02b
赤霉菌属	1.17±0.37a	0.16±0.05b	0.26±0.06b
漆斑菌属	0.86±0.14a	0.38±0.18b	0.18±0.06b
沃德霉属	0.04±0.02b	1.95±0.48a	1.72±0.41a
Lectera	1.80±0.29a	0.54±0.27b	0.60±0.15b
珊瑚菌属	0.01±0.01b	1.50±0.45a	0.87±0.29ab
Guehomyces	1.25±0.42a	1.78±0.45a	1.02±0.27a
酵母属	1.03±0.54a	0.92±0.31a	0.34±0.14a
被孢霉属	2.15±0.29a	0.84±0.21b	0.96±0.29b

注：不同字母表示处理间差异显著（$P<0.05$）

　　采用 R 软件的 gplots package 绘制土壤真菌属水平物种丰富度聚类热图（图 3-21）。由图可见，对照之间距离较近，与其他改良剂施加的处理距离相对较远，表明两种改良剂的施加与否是影响土壤真菌群落物种相对丰度的最主要因素；FBH1、FBH2 和 FBL2 距离较近，但 FBL1 与 FA 处理（FAH1、FAH2、FAL1 和 FAL2）聚为一类，反映生物炭施加水平的不同也会对土壤真菌相对丰度产生影响，但 FA 和 FB 处理之间差异不显著。

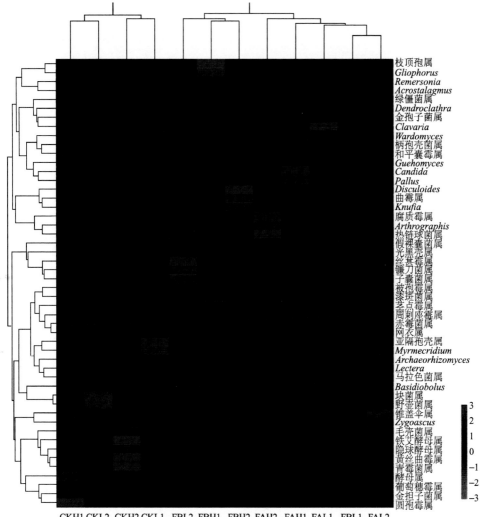

图 3-21　不同样品中土壤真菌物种丰富度聚类热图

3）土壤真菌群落差异比较

采用 R 软件的 vegan package 对各处理获得的土壤真菌 OTU 进行主成分分析（图 3-22）。第一主成分的影响程度为 39.16%，第二主成分的影响程度为 10.89%。对照聚在同一象限，而施加改良剂的处理与对照距离较远，但 FA 和 FB 处理之间区分不明显。由此可见，改良剂施加对土壤真菌群落产生显著影响，而不同剂量生物炭的施加影响差异不显著。

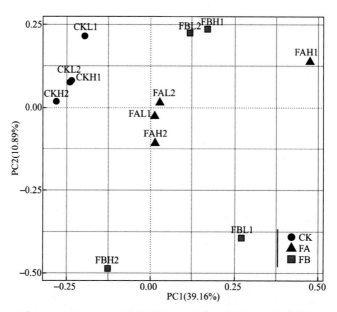

图 3-22　基于 OTU 的不同处理土壤真菌群落主成分分析图

　　偏最小二乘判别分析（partial least squares discriminant analysis，PLS-DA）是以偏最小二乘回归模型为基础，根据给定的样本分组信息，对群落结构数据进行判别分析。使用 R 软件，根据物种相对丰度矩阵和样本分组数据构建 PLS-DA 模型，并计算每个物种的变量重要性投影（variable importance in projection，VIP）系数（VIP 值需>1，值越大，说明该物种对组间差异的贡献越大）。不同分组下的 PLS-DA 结果见图 3-23。若以改良剂施加水平分组，CK、FA 与 FB 处理之间分区明显，表明改良剂施加后对土壤真菌群落产生显著作用，而且生物炭的不同施加剂量影响差异显著[图 3-23（a）]。不同作物分区也较为明显，表明不同受试作物品种对土壤真菌群落的影响作用也存在显著差异[图 3-23（b）]。

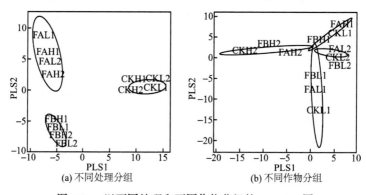

图 3-23　以不同处理和不同作物分组的 PLS-DA 图

子囊菌门（Ascomycota）、接合菌门（Zygomycota）和担子菌门（Basidiomycota）真菌是较常见的三大真菌类群（Ding et al.，2017）。子囊菌门（Ascomycota）和担子菌门（Basidiomycota）真菌也是森林土壤中相对丰度较高的两大门类，本实验所测得土壤中真菌也以此两个门类相对丰度较高。氮肥对土壤真菌群落可能产生重要的影响（Bradley et al.，2006），Ding 等（2017）发现长期联合施加无机肥和有机肥后我国东北地区土壤中的子囊菌门（Ascomycota）真菌丰度有所增加，而接合菌门（Zygomycota）真菌丰度有所降低，本实验结果与其一致。相关分析表明球囊菌门（Glomeromycota）和接合菌门（Zygomycota）真菌相对丰度与土壤有机质、总氮、速效磷含量均显著相关。表明改良剂的施加通过影响土壤有机质及氮素等养分而作用于土壤真菌群落，影响其类群的丰度（Agegnehu et al.，2015b）。

银耳纲（Tremellomycetes）和座囊菌纲（Dothideomycetes）真菌是森林黑土中两大优势类群（Liu et al.，2015），Ding 等（2017）发现中国东北农田黑土中以粪壳菌纲（Sordariomycetes）和座囊菌纲（Dothideomycetes）真菌为主要优势类群，本实验与其结果一致。可能由于农田土壤经过人为施加肥料后，其有机质及养分元素有所增加，进而土壤真菌群落发生改变，而且粪壳菌纲（Sordariomycetes）真菌对氮素的响应显著（Mueller et al.，2015）。本研究发现粪壳菌纲（Sordariomycetes）和座囊菌纲（Dothideomycetes）真菌相对丰度与土壤总有机碳、总氮和速效磷质量分数均显著相关。由此可见，土壤理化指标的变化，特别是土壤有机质以及氮磷等养分元素含量的变化显著影响土壤真菌群落的组成，而对不同真菌类群的作用效果差异较大，如显著增加了对养分元素敏感的粪壳菌纲（Sordariomycetes）真菌的相对丰度，而降低了座囊菌纲（Dothideomycetes）真菌的相对丰度。

属水平上进一步分析发现，土壤中原有的优势菌群毛壳菌属（Chaetomium）、亚隔孢壳属（Didymella）、黄丝曲霉属（Talaromyces）、被孢霉属（Mortierella）和赤霉菌属（Gibberella）真菌的相对丰度在施加生物炭和有机肥后均有所降低，而柄孢壳菌属（Podospora）真菌相对丰度增加显著，其次为毛壳菌属（Chaetomium）、镰孢菌属（Fusarium）、沃德霉属（Wardomyces）和金孢子菌属（Chrysosporium）等。研究发现，周刺座霉属（Volutella）的 Colletotrichoides 是潜在的植物根腐病菌（吴照祥等，2015），赤霉菌属的 Gibberella spp.被视为继发感染源，可能成为潜在的病原体或与病原菌共生而具致病性（Bonanomi et al.，2010）。生物炭和有机肥的施加使沙化土壤中周刺座霉属（Volutella）、黄丝曲霉属（Talaromyces）以及赤霉菌属（Gibberella）真菌相对丰度降低，而减弱了其致病性。但生物炭和有机肥联合施加对具有生防作用的毛壳菌属（*Chaetomium*）真菌也产生了抑制作用。柄孢壳菌属（*Podospora*）真菌是生长在粪便中的具有抑菌成分的真菌（Che et al.，2002），Xu 等（2015）发现柄孢壳菌属的 *Podospora* spp. 与大豆根腐病病情指数负相关，表明此真菌与豆科植物根部病害发生紧密相关，是一种潜在的土壤抑病性生物指示因子。本实验结果表明，生物炭和有机肥联合施加使作物根际土壤柄孢壳菌属（*Podospora*）真菌相对丰度极显著增加，成为主要优势菌群，Ding 等（2017）也发现无机肥与有机肥联合施加后土壤中柄孢壳菌属真菌的丰度显著高于单施无机肥。由此可见，生物炭和有机肥联合施加可通过改善土壤真菌群落结构增强土壤对土传病害的抑制作用（Lenc et al.，2011）。金孢子菌属（*Chrysosporium*）真菌可引起表面真菌感染，增加作物病害的风险。许多研究认为镰孢菌属（*Fusarium*）真菌是多种作物的病原菌，但众多的镰孢菌物种中也存在有益和中性种类（Zhang et al.，2012）。镰孢菌属（*Fusarium*）真菌能产生植物刺激素（赤霉素），使农作物增产，有些种类可产生纤维酶、脂肪酶、果胶酶等。本研究发现镰孢菌属细菌相对丰度有所增加，吴照祥等（2015）发现在健康三七和根腐病发病植株的根际土壤中占据主导地位的真菌为镰孢菌属（*Furasium*）和茎点霉属（*Phoma*）以及一些不可培养的未知真菌，尤其镰孢菌所占比例较大，可见在健康的根际土壤中也可能存在大量镰孢菌属（*Fusarium*）真菌。

4）土壤真菌与环境因子相互关系

对土壤真菌相对丰度较高的类群与土壤的主要理化指标进行冗余分析（redundancy analysis，RDA）（图 3-24），结果表明土壤总有机碳、总氮、总磷、电导率及 pH 与土壤真菌类群显著相关，其中 pH 与其呈负相关关系，其他指标与其为正相关关系。由此可见，生物炭和有机肥的施加改变了土壤理化指标以及养分元素含量，从而影响了土壤真菌群落组成和丰度。改良剂施加的各处理距离较近，表明改良剂的施加与否是影响土壤不同理化指标以及养分含量的主要因素，而地上植物类型对其影响相对不显著。

将土壤真菌门水平的相对丰度与土壤理化指标进行相关分析（表 3-8），结果表明：子囊菌门（Ascomycota）和担子菌门（Basidiomycota）真菌相对丰度与土壤指标相关性均不显著；球囊菌门（Glomeromycota）真菌相对丰度与土壤总有机碳、总氮、总磷、速效磷、速效钾、微生物量碳含量、电导率和含水量显著正相关，与土壤 pH 呈显著负相关关系；接合菌门（Zygomycota）真菌相对丰度与土壤总有机碳、总氮、总磷、速效磷、速效钾和微生物量碳含量呈显著负相关关系。

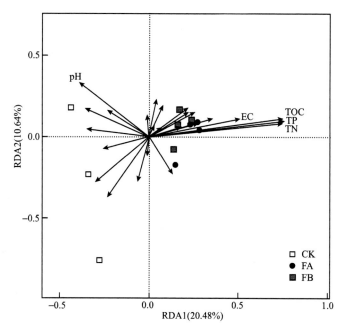

图 3-24　土壤真菌与土壤理化指标的 RDA 图

表 3-8　土壤真菌门水平相对丰度与土壤理化指标的皮尔逊相关系数

土壤指标	子囊菌门 （Ascomycota）	担子菌门 （Basidiomycota）	球囊菌门 （Glomeromycota）	接合菌门 （Zygomycota）	壶菌门 （Chytridiomycota）	罗兹菌门 （Rozellomycota）
TOC	0.437	−0.146	0.844**	−0.790**	0.506	0.687**
TN	0.383	−0.101	0.845**	−0.839**	0.507	0.659**
TP	0.364	−0.088	0.847**	−0.839**	−0.53	0.675**
AP	0.338	−0.050	0.879**	−0.820**	0.493	−0.727*
pH	0.167	−0.307	−0.740*	0.612	0.524	−0.636*
EC	0.379	0.055	0.930**	−0.661*	−0.400	0.799**
AK	0.329	−0.069	0.886**	−0.818**	−0.462	0.713*
WC	0.542	−0.096	0.861**	−0.570	−0.599	0.878**
MBC	0.484	−0.341	0.741*	−0.636**	−0.296	0.524

注：*表示因子间显著相关，$P<0.05$；**表示因子间极显著相关，$P<0.01$

　　进一步对子囊菌门（Ascomycota）相对丰度较高的各纲真菌相对丰度与土壤因子进行相关分析（表 3-9），结果表明，粪壳菌纲（Sordariomycetes）真菌相对丰度与土壤总有机碳、总氮、速效磷质量分数和含水量呈显著正相关；座囊菌纲

（Dothideomycetes）真菌相对丰度与土壤总有机碳、总氮、总磷、速效磷和速效钾质量分数呈显著负相关，而与土壤 pH 呈极显著的正相关关系；盘菌纲（Pezizomycetes）真菌相对丰度与土壤速效氮质量分数呈显著正相关；散囊菌纲（Eurotiomycetes）和锤舌菌纲（Leotiomycetes）真菌相对丰度与土壤各理化指标相关性不显著。此外，担子菌门（Basidiomycota）各纲真菌相对丰度与所测土壤因子的相关性均不显著。

表 3-9　子囊菌门各纲真菌相对丰度与土壤理化指标的皮尔逊相关系数

土壤指标	粪壳菌纲 （Sordariomycetes）	座囊菌纲 （Dothideomycetes）	散囊菌纲 （Eurotiomycetes）	锤舌菌纲 （Leotiomycetes）	盘菌纲 （Pezizomycetes）
TOC	0.616*	−0.672*	−0.388	−0.088	0.075
TN	0.618*	−0.732**	−0.293	−0.200	0.107
TP	0.594*	−0.719**	−0.329	−0.173	0.109
AP	0.585*	−0.705*	−0.368	−0.171	0.194
pH	−0.486	0.584**	−0.013	0.216	−0.222
AN	0.213	0.022	0.018	−0.006	0.787**
AK	0.556	−0.693*	−0.351	−0.172	0.244
WC	0.586*	−0.372	−0.291	−0.212	0.116
MBC	0.444	−0.459	−0.326	0.088	0.246
MBN	0.141	−0.039	−0.093	0.136	0.648*

注：*表示因子间显著相关，$P<0.05$；**表示因子间极显著相关，$P<0.01$

土壤理化指标的变化，特别是土壤有机质以及氮磷等养分元素含量的变化显著影响土壤真菌群落的组成，对不同真菌类群的作用效果差异较大。其中，子囊菌门（Ascomycota）的粪壳菌纲（Sordariomycetes）和座囊菌纲（Dothideomycetes）两类变化较显著的真菌受土壤中有机质和氮磷养分的影响较大。

3.7　生物炭和有机肥对土壤真菌群落的影响机制

生物炭和有机肥的多孔性，使其可为微生物提供栖息环境，侵染生物炭颗粒的菌丝可以躲避捕食者，作为真菌的避难所（Chen et al., 2013）。研究显示，真菌容易侵染渗透性强的材料,如生物炭和有机肥颗粒,并作为其避难所(Tatsuhiro et al., 2002)。生物炭可作为菌根真菌的栖居所,但是它对根外菌丝体作用的定量研究还不透彻,这与生物炭的性质以及添加比例有关。控制生物炭气孔大小分布的一个主要因素是炭化温度,较高的温度产生较小的气孔。另一个主要因素是生产生物炭的生物质原料裂解后的解剖结构(Klironomos and Kendrick, 1996),生物质原料植物组织(管胞、导管分子和筛胞)能决定生物炭气孔的大小(Keech et al., 2005)。而且,生物炭与土壤的作用同样能改变孔隙率和孢子的大小(Pignatello et al., 2006)。有机肥引起土壤微生物功能改变(Fierer et al., 2013),进而驱动丛枝菌根群落结构的变化。与无机肥相比,有机肥是改变丛枝菌根真菌群落结构的主要因素(Zhu et al., 2016),可增加农田土壤中的球囊霉属真菌(丛枝菌根真菌)(Vestberg et al., 2011)。有机肥虽能增加土壤中丛枝菌根真菌的多样性水平(Luo et al., 2015),但剂量较低时其对丛枝菌根真菌的多样性的影响不显著(Alguacil et al., 2011),不过长期施用可能降低菌根多样性(He et al., 2008),原因可能与施用方式和土壤类型有关。生物炭和有机肥联合施加使土壤中细菌多样性和结构发生变化,进而间接影响真菌丰度和多样性。

　　生物炭与有机肥通过改善土壤理化性质,改变土壤营养可利用性(Deluca et al., 2006),影响土壤真菌群落结构以及菌根的侵染和丰度。生物炭本身含有少量的营养物质,可被土壤生物和植物根系吸收利用(Lehmann et al., 2006)。加之生物炭本身的多孔特征,可将有机肥中的养分元素固持其中,利于水分和肥力的保持。在一定范围内,低 pH 利于真菌的生长,而且真菌的丰度与土壤有机质显著相关(Ding et al., 2017)。土壤氮含量可以调控生物炭对菌根共生体的作用,反过来,能影响真菌对生物炭表面的氧化程度(Lecroy et al., 2013)。但同样有研究显示,生物炭施加导致营养物质(特别是氮素)生物可利用性降低(Lehmann et al., 2003)。生物炭和有机肥带入的胡敏酸、酚和生物活性物质,通过改善土壤养分状态或直接抑制病原菌而产生系统抗性(Shahat et al., 2011)。生物炭颗粒中的大量孔隙可为真菌提供躲避较大捕食者的住所,使有益真菌得以增殖(Chen et al., 2013)。

　　有机肥中带入的微生物本身具有抗生作用,或与土壤中其他微生物种群产生竞争或/和重寄生(hyperparasitism)等作用而抑制土传病害的发生。有机肥可以抑制植物土传病菌,如丝核菌属(*Rhizoctonia*)、腐霉属(*Pythium*)、镰孢菌属(*Fusarium*)和疫霉属(*Phytophthora*)等(Mehta et al., 2014)。生态系统中的微生物对养分和空间利用都存在着竞争关系(Chen et al., 2013),这种竞争对需要养分的病原菌产生抑制作用，其中，铁转运蛋白的产生可能是抑制病原菌的主要原因（Diánez et al., 2005）。抗生性是微生物通过特定的代谢物、溶解剂和挥发性物质调节产生的拮抗作用（Fravel, 1988）。有机肥中有些微生物存在抗生作用，如假单胞菌属（*Pseudomonas*）细菌能产生抗生素类物质，降低植物病害的发生（Silosuh et al., 1994）；木霉属（*Trichoderma*）和帚霉属（*Scopulariopsis*）真菌可以产生抗菌化合物抑制病害（Howell et al., 1993）。重寄生是生物攻击病原体并使其死亡的一种直接拮抗作用（Heydari and Pessarakli, 2010）。有机肥中的一些非病原微生物可以寄生或溶解土壤病原真菌的菌丝体、孢子、菌丝或菌核，产生重寄生作用，对许多作物病害的防治起主要作用（Diánez et al., 2005）。

3.8 生物炭和有机肥联合施加对土壤丛枝菌根真菌群落的影响实例

球囊菌门（Glomeromycota）是菌物界新增加的一个门，下设1纲4目11科29属约300种丛枝菌根（AM）真菌，AM真菌可与大部分的陆生植物形成互惠共生结构，对自然和农田生态系统生产力的提高具有重要意义。AM真菌是比较古老的植物根际共生体，可以与80%左右的陆生植物形成共生结构，促进宿主植物养分和水分的吸收，提高植物抗性，在农业生态系统中起重要的作用（Zhu et al., 2016）。生物炭对不同类群微生物的作用结果不同，其机制也有差异，其对土壤中的AM真菌一般均产生正面效应（Warnock et al., 2007），一定量有机肥的施加可以增加根系AM的侵染（Ramreddy et al., 1976）。也有部分实验观察到负面影响，如Gaur和Adholeya（2000）发现生长在生物炭介质上的植物与栽培在河沙和黏土颗粒上的植物相比，其限制了宿主植物的吸磷量，使可利用磷减少。

3.8.1 材料与方法

实验方案同3.4.1节。于作物的苗期、花期和收获期分别用五点法取作物根围土壤样品，一部分置于装有冰块的冷藏箱中带回实验室尽快进行微生物量碳、微生物量氮和土壤含水量的测定，另一部分风干后用于土壤其他理化指标的测定。

于 2017 年 7 月中旬（花期）从每小区选取 10 株植物，抖根法获得植物根际土壤，混合均匀后分别取 5g 左右于 10mL 离心管中干冰保存带回，置于-80℃冰箱保存，用于进行高通量测序分析土壤 AM 真菌群落结构组成及多样性等指标，并取作物细根置于 75%酒精中带回，用于 AM 真菌侵染率的测定。

提取土壤样品中总 DNA 后进行 PCR 扩增，扩增引物为 AMV4.5NF（5′-AAGC TCGTAGTTGAATTTCG-3′），AMDGR（3′-CCCAACTATCCCTATTAATCAT-5′）。扩增体系总体积为 25μL，包括 5×reaction buffer 5μL，5× GC buffer 5μL，dNTP（2.5mmol/L）2μL，前引物（10μmol/L）1μL，后引物（10μmol/L）1μL，DNA 模板 2μL，双蒸水 8.75μL，Q5 DNA 聚合酶 0.25μL。反应条件为：98℃预变性 2min，98℃变性 15s，55℃退火 30s，72℃延伸 30s，72℃终延伸 5min，30 个循环。PCR 扩增产物通过 2%琼脂糖凝胶电泳进行检测，并对目标片段进行切胶，采用 AXYGEN 公司的凝胶回收试剂盒进行回收，荧光定量混合。采用 Illumina 公司的 TruSeq Nano DNA LT Library Prep Kit 制备测序文库，在上海派森诺生物科技股份有限公司进行高通量测序。

采用氢氧化钾透明-乳酸甘油 Trypan blue 染色法染色：选取作物细根漂洗干净剪成 1~2cm 的小段，放入 10%的氢氧化钾溶液中，于 90℃水浴 30min。用清水漂洗至水无色后在 2%盐酸中浸泡 5min 酸化后投入曲里本蓝溶液中，于 90℃水浴锅中加热 30min 染色，染色后的根用水冲洗干净后放入纯净的乳酸甘油中浸泡脱色后制片。每个样品取 30 条根段，在 100×~400×的显微镜下观察菌根的侵染强度和侵染率。按照菌根侵染和丛枝丰度分级标准，用 mycocalc-软件计算菌根侵染频率（F）、整个根系的菌根侵染强度（M）、侵染根段的菌根侵染强度（m）、侵染根段的丛枝丰度（a）和整个根系的丛枝丰度（A）。计算公式如下：

$$F = N_m / N \times 100\%$$

式中，N_m 为侵染根段数；N 为根段总数。

$$M = (95n_5 + 70n_4 + 30n_3 + 5n_2 + n_1) / N \times 100\%$$

式中，n_5 为 5 级侵染的根段数；n_4 为 4 级侵染的根段数，依此类推。

$$m = M \times N / N_m \times 100\%$$

$$a = (100m_{A3} + 50m_{A2} + 10m_{A1}) / 100 \times 100\%$$

式中，m_{A3}、m_{A2}、m_{A1} 分别为根段中丛枝丰度的高低。

$$A = a \times (M / 100) \times 100\%$$

ITS 真菌核糖体数据库参照 Unite 数据库；AM 真菌分类地位参照 http://www.amf-phylogeny.com/ 进行校正。

3.8.2　土壤丛枝菌根真菌 OTU 分布差异比较

从土壤样品中共有和独有的 AM 真菌 OTU 数量来看（图 3-25），土壤中获得的 AM 真菌 OTU 数量显著低于细菌和真菌群落。FB 处理独有的 OTU 数量略少于对照（CK）和 FA 处理，但不同处理之间差异不显著。不同受试作物比较，以 LD1 独有的 OTU 数量略少于其他受试作物。可见，改良剂施加与否及受试作物的不同对土壤 AM 真菌群落种属组成产生一定影响。

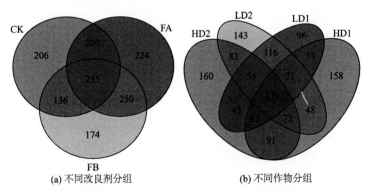

(a) 不同改良剂分组　　　　　　　(b) 不同作物分组

图 3-25　以不同改良剂和不同作物分组的共有和独有 AM 真菌 OTU 分布 Venn 图

3.8.3　作物丛枝菌根真菌侵染率

不同处理 AM 真菌侵染水平见表 3-10，各作物根系 AM 真菌侵染率在 27.24%～54.87%，红小豆根侵染率略高于绿豆；根系侵染强度为 2.33%～6.21%；侵染根段的侵染强度在 5.81%～14.17%；丛枝丰度在 0～2.72%。受试作物根系的 AM 侵染率虽然较高，但侵染根段的侵染强度较低，且根系内几乎未形成丛枝结构。除"绿丰 1 号"（LD2）根系的菌根侵染率在各处理间差异不显著外，其他三个作物品种均以对照的菌根侵染频率高于施加改良剂的处理。可见生物炭和有机肥联合施加对 AM 真菌的侵染产生一定抑制。

表 3-10　不同处理 AM 真菌侵染水平　　　　（单位：%）

处理	F	M	m	a	A
CKH1	54.87a	5.17a	9.21a	2.65a	0.04a
FAH1	31.53c	4.49a	14.17a	1.03a	0.07a
FBH1	40.00b	3.70a	9.27a	0a	0a
CKH2	49.77a	5.77a	11.27a	0.56a	0.04a
FAH2	33.33b	2.97a	9.12a	0a	0a
FBH2	47.78a	4.03a	8.51a	0a	0a
CKL1	47.65a	6.21a	12.97a	2.72a	0.17a
FAL1	33.33b	3.55ab	11.10a	0b	0b
FBL1	27.24b	2.33b	8.67b	0b	0b
CKL2	33.33a	4.00a	13.27a	0.28a	0.01a
FAL2	28.76a	3.42a	12.16a	0a	0a
FBL2	36.67a	2.37a	5.81a	0.76a	0.04a

注：不同字母表示处理间差异显著（$P<0.05$）

3.8.4　土壤丛枝菌根真菌多样性及群落结构组成比较

1）土壤 AM 真菌群落多样性指数

生物炭和有机肥联合施加对 AM 真菌群落多样性指数未产生显著影响（$P>0.05$），但不同作物对其影响有一定差异（表 3-11）。改良剂施加后使两种绿豆根围 AM 真菌群落 Chao1 指数和 ACE 指数显著增加，而使"大红袍"（HD2）根围 AM 真菌群落多样性指数降低（$P<0.05$）。表明土壤中 AM 真菌群落多样性可能受不同作物类型的影响。

表 3-11　不同处理 AM 真菌群落多样性指数

样品编号	序列数	OTU 数	香农指数	ACE 指数	Chao1 指数	辛普森指数
CKH1	4 8004	296	3.97	327.52	324.62	0.84
FAH1	6 1396	356	4.17	389.22	379.10	0.86
FBH1	4 7132	283	4.16	283.00	283.00	0.88
CKH2	4 6199	392	4.78	440.21	429.54	0.93
FAH2	8 0189	339	3.99	350.18	341.38	0.83
FBH2	4 5852	287	3.16	319.26	314.50	0.76

续表

样品编号	序列数	OTU 数	香农指数	ACE 指数	Chao1 指数	辛普森指数
CKL1	3 1465	290	3.94	290.00	290.00	0.84
FAL1	5 5612	331	3.83	375.42	361.55	0.83
FBL1	4 3745	354	4.21	395.93	399.57	0.89
CKL2	5 7267	330	4.10	370.22	365.05	0.87
FAL2	4 2651	353	4.08	400.79	394.71	0.86
FBL2	8 7821	348	3.81	401.89	387.54	0.84

2）土壤 AM 真菌群落物种组成及相对丰度

根据序列比对及 OTU 聚类结果，共分类出 1 纲 4 目 9 科 9 个属的 AM 真菌，各样品不同分类水平下 AM 真菌物种数量见图 3-26，由图可见，4 个目中均检测得到 AM 真菌，而不同处理土样中检测出的科属数量有差异。其中，改良剂施加处理科属的数量均高于对照，以"小绿王"（LD1）根围土壤差异最显著，对照中 4 个科 4 个属，而 FA 和 FB 处理中划分出 7 个科 7 个属。由此可见，改良剂施加后虽然未对所有作物根围的土壤 AM 真菌数量产生显著增加效应，但增加了土壤中部分 AM 真菌的种类数。

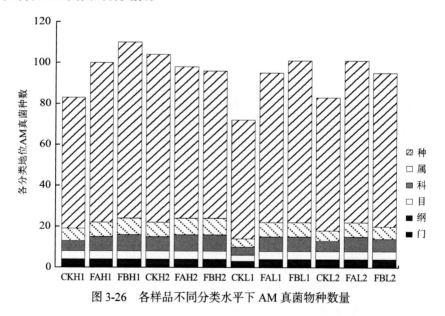

图 3-26　各样品不同分类水平下 AM 真菌物种数量

从目水平上看（图 3-27），以球囊霉目（Glomerales）真菌的相对丰度最高，其次为多样孢囊霉目（Diversisporales）和原囊霉目（Archaeosporales），类球囊霉目（Paraglomerales）真菌相对丰度最低。生物炭和有机肥联合施加使原囊霉目（Archaeosporales）和类球囊霉目（Paraglomerales）真菌相对丰度显著增加。由此可见，生物炭和有机肥联合施加，可以增加土壤中原囊霉目 AM 真菌的相对丰度，生物炭施加量越高增加效应越强；生物炭和有机肥联合施加对类球囊霉目（Paraglomerales）真菌的增加效应仅在"大红袍"（HD2）根围土壤（FA 处理）中最显著。

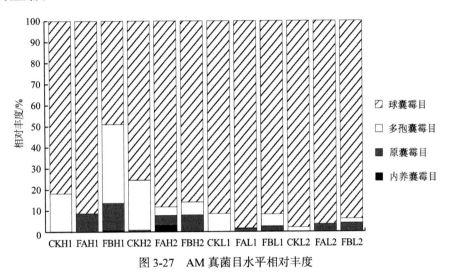

图 3-27　AM 真菌目水平相对丰度

从属水平上看（表 3-12），分离出的 AM 真菌分别为球囊霉目（Glomerales）的球囊霉属（*Glomus*）和近明球囊霉科的近明球囊霉属（*Claroideoglomus*）；多样孢囊霉目（Diversisporales）的多孢囊霉属（*Diversispora*），巨孢囊霉科（Gigasporaceae）的盾巨孢囊霉属（*Scutellospora*）和无梗囊霉科（Acaulosporaceae）的环孢囊霉属（*Kuklospora*）；原囊霉目（Archaeosporales）的地管囊霉属（*Geosiphon*），双型囊霉科（Ambisporaceae）的双型囊霉属（*Ambispora*），原囊霉科（Archaeosporaceae）的原囊霉属（*Archaeospora*）；类球囊霉目（Paraglomerales）的类球囊霉属（*Paraglomus*）。其中，以球囊霉属（*Glomus*）相对丰度最高，其次为多样孢囊霉属（*Diversispora*），此两属为受试土壤中的优势 AM 真菌，而且对照土壤中几乎以此两属及近明球囊霉属（*Claroideoglomus*）真菌为主，其他菌属很少。不同处理 AM 真菌属水平相对丰度差异多重比较表明（表 3-12），生物炭和有机肥联合施加影响了 AM 真菌的丰度，其中对近明球囊霉属

（*Claroideoglomus*）、原囊霉属（*Archaeospora*）和地管囊霉属（*Geosiphon*）真菌表现较显著，地管囊霉属 *Geosiphon*）和双型囊霉属（*Ambispora*）真菌仅在改良剂施加的处理中出现，在对照样品中未发现，可见，此两属真菌与改良剂施加密切相关。

表 3-12 土壤 AM 真菌属水平相对丰度多重比较

目	科	属	相对丰度（平均值±标准差）/%		
			CK	FA	FB
球囊霉目	球囊霉科	球囊霉属	83.32±2.25a	90.94±1.26a	78.02±4.92a
	近明球囊霉科	近明球囊霉属	3.32±1.08a	2.64±0.55a	2.11±0.68a
原囊霉目	原囊霉科	原囊霉属	0.21±0.00b	1.95±0.03b	4.98±0.01a
	地管囊霉科	地管囊霉属	0.01±0.01b	2.51±0.32a	1.74±0.59ab
	双型囊霉科	双型囊霉属	0.00±0.00b	0.13±0.02a	0.04±0.01ab
类球囊霉目	类球囊霉科	类球囊霉属	0.09±0.02a	0.80±0.37a	0.27±0.06a
多样孢囊霉目	多孢囊霉科	多孢囊霉属	13.04±2.42a	1.03±0.55a	12.83±4.13a
		耳孢囊霉属	0.004±0.004a	0.00±0.00a	0.00±0.00a
	巨孢囊霉科	盾巨孢囊霉属	0.00±0.00a	0.003±0.002a	0.004±0.002a

注：不同字母表示处理间差异显著，$P<0.05$

3）土壤 AM 真菌群落 LEfSe 分析

采用 Kruskal-Wallis Sum-rank Test 进一步检验不同处理真菌群落的差异特征，对属水平的相对丰度矩阵进行 LEfSe 分析（图 3-28）。

FB 处理中原囊霉科（Archaeosporales）的原囊霉属（*Archaeospora*）AM 真菌相对丰度较高（$P<0.05$）。而 FA 处理中，地管囊霉科（Geosiphonaceae）地管囊霉属（*Geosiphon*）、双型囊霉科（Ambisporaceae）双型囊霉属（*Ambispora*）AM 真菌相对丰度较高。比较不同受试作物根围土壤中的 AM 真菌，以球囊霉属（*Glomus*）真菌相对丰度存在较显著差异（$P<0.05$）（图 3-29），两种绿豆（LD1 和 LD2）根围的球囊霉属（*Glomus*）真菌相对丰度显著高于两种红豆（HD1 和 HD2）品种（$P<0.05$）（图 3-29）。

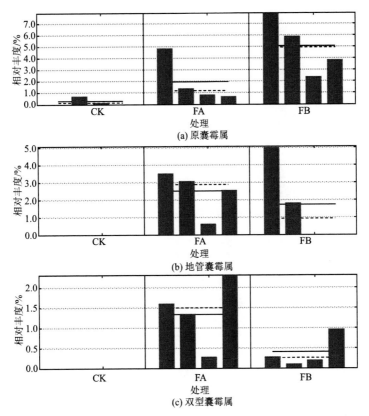

图 3-28 不同处理具显著差异的属相对丰度分布

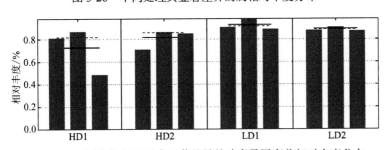

图 3-29 不同作物根围具有显著差异的球囊霉属真菌相对丰度分布

4）土壤 AM 真菌群落 PLS-DA 分析

采用 PLS-DA 对不同处理样品的 AM 真菌群落差异进行比较（图 3-30）。不同改良剂处理组内差异与组间差异区别不显著。以不同受试作物进行分组，不同作物分区明显，可见受试作物品种的不同对土壤中 AM 真菌群落的影响效应要强于改良剂施加后的影响，也反映出 AM 真菌具有宿主选择性。

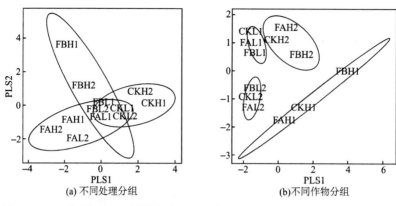

图 3-30　以不同处理和不同作物分组的土壤丛枝菌根真菌 PLS-DA 判别分析图

5）土壤 AM 真菌与环境因子相互关系

对土壤 AM 真菌优势属的相对丰度与土壤理化指标进行回归分析和显著性检验（表 3-13），结果表明，土壤理化指标对 AM 真菌种属相对丰度产生显著作用，其中，球囊霉属（*Glomus*）、原囊霉属（*Archaeospora*）相对丰度与土壤 pH 均呈显著负相关，原囊霉属（*Archaeospora*）和地管囊霉属（*Geosiphon*）真菌相对丰度与土壤总有机碳、总氮、总磷、速效钾、微生物量碳含量和含水量呈显著正相关。原囊霉属（*Archaeospora*）和地管囊霉属（*Geosiphon*）真菌相对丰度在改良剂施加后有显著增加，可能由于改良剂施加后增加了土壤中碳、氮、磷和钾等养分元素的含量，进而促进此类真菌的增殖。

表 3-13　AM 真菌属丰度与土壤理化指标之间的回归方程及显著性检验

丛枝菌根真菌属	土壤理化指标	回归方程	R^2	P
球囊霉属（*Glomus*）	pH	$y=-308.983+46.431x$	0.398	<0.05
原囊霉属（*Archaeospora*）	pH	$y=91.641-10.544x$	0.492	<0.05
	TOC	$y=0.002x^{3.151}$	0.835	<0.001
	TN	$y=10.311x^{5.085}$	0.845	<0.001
	TP	$y=1622.610x^{5.066}$	0.825	<0.001
	AK	$y=9.294\times10^{-7}x^{2.706}$	0.732	<0.001
	MBC	$y=2.766\times10^{-5}x^{2.357}$	0.606	<0.01
	WC	$y=-6.019+1.957x$	0.635	<0.01

续表

丛枝菌根真菌属	土壤理化指标	回归方程	R^2	P
	pH	$y=67.781-7.839x$	0.584	<0.01
	EC	$y=-1.671+0.017x$	0.712	<0.01
	TOC	$y=-1.160+0.332x$	0.426	<0.05
	TN	$y=-2.842+6.618x$	0.556	<0.01
地管囊霉属（*Geosiphon*）	TP	$y=-2.776+17.728x$	0.528	<0.01
	AK	$y=-1.365+0.015x$	0.603	<0.01
	MBC	$y=-0.742+0.023x$	0.567	<0.01
	WC	$y=2.840+0.981x$	0.342	<0.05

注：x 表示土壤理化指标值；y 表示 AM 真菌各属的丰度

对属水平的 AM 真菌相对丰度与土壤理化指标矩阵进行 RDA（图 3-31），表明土壤电导率、总有机碳、总氮和总磷含量与土壤中 AM 真菌不同属的相对丰度呈现正相关关系，土壤 pH 与其呈负相关关系，而微生物量碳和速效氮对 AM 真菌群落的影响较小。可见，土壤养分含量以及理化性质对真菌群落产生显著影响，但不同处理之间差异不显著。

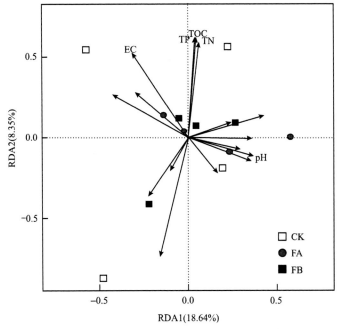

图 3-31　土壤 AM 真菌与土壤理化指标的 RDA 图

3.9　生物炭和有机肥对土壤丛枝菌根真菌群落的

影响及机制

AM 真菌是一类能与陆生植物产生互惠共生结构的真菌，它包含了植物根际微生物的 ·大部分类群。AM 真菌可以与许多重要的植物种共生而促进植物生长，抑制土传病害，菌根菌丝网与宿主植物根之间的持续联系影响着植物的代谢（Akhter et al., 2015）。Warnock 等（2007）最先评价了生物炭对菌根共生的深远影响。Solaiman 等（2010）发现，在施加桉树生物炭两年后，小麦根的 AM 侵染率增加到 20%~40%，而不加改良剂的对照根侵染率仅为 5%~20%。Matsubara 等（2002）实验表明，生物炭可以增强宿主植物对病原体的抵抗能力，Harvey 等（1979）的观察结果也支持这些结论。即使很多研究表明生物炭对菌根真菌产生正面影响，但也有负面影响的报道。Warnock 等（2010）发现五种非草本植物原料生产的生物炭施加后，AM 真菌的丰度降低或未发生显著变化，当 AM 真菌丰度降低时，土壤理化性质发生显著变化，较高量生物炭施加量使根围土壤的 AM 真菌丰度降低，土壤中磷素可利用性也发生相应变化。Gaur 和 Adholeya（2000）发现与生长在河沙和黏土颗粒上的植物相比，生长在生物炭介质上的植物限制了宿主植物的吸磷量。

关于生物炭和有机肥联合施加对土壤中 AM 真菌群落组成及多样性影响的研究罕见报道。本实验结果表明生物炭和有机肥联合施加使受试作物根系 AM 真菌侵染率有所降低，可能由于菌根真菌在低磷的土壤中更容易侵染植物根系，而施加改良剂后，改善了土壤磷素植物可利用性，利于根系直接吸收，而限制了 AM 真菌的侵染（Warnock et al., 2010）。当植物根的生物量增加速率快于菌根真菌在根系中的扩散和侵染速率时，菌根侵染率降低（Abbott and Robson, 1984），这可能是本研究中发现的生物炭和有机肥联合施加作物菌根侵染率降低的原因。

生物炭与有机肥通过改善土壤理化性质，改变土壤营养可利用性，影响土壤真菌群落结构以及菌根的侵染和丰度。生物炭和有机肥联合施加能改变土壤理化性质，如增加土壤持水量，降低土壤容重（Glaser et al., 2002），改变 pH，增加土壤中生物可利用性氮、磷和盐基阳离子含量，缓解植物在贫瘠土壤中受到的生长抑制（Treseder and Allen, 2002），进而影响植物的菌根侵染率（Yamato et al., 2006）。

　　此外，生物炭可改变植物和菌根菌之间的信号或对化感素解毒。根围是加强微生物（包括菌根菌）和植物根之间信号的地带（Bais et al.，2006）。例如，一些类黄酮信号化合物通过 pH 调节能对土壤生物群落中特定群体产生抑制或促进作用（Angelini et al.，2003）。目前，大多数的证据还局限于灭菌的试管培养研究，而与土壤环境条件的关联尚不清楚（Warnock et al.，2007）。土壤微生物种类多样，内部关系复杂，环境因素对其影响作用的机制研究也随着研究手段的发展而逐渐更新。

第4章 生物炭和有机肥与土壤污染修复

4.1 土壤污染与修复

4.1.1 土壤污染与污染物

土壤是连接自然环境中无机界与有机界、生物界与非生物界的重要枢纽。在正常情况下，物质和能量在生态系统中不断进行交换、转化、迁移或积累，处于一定的动态平衡中。但是人类的生产和生活活动产生的污染物质进入土壤，如果其数量和速度超过了土壤的自净速度，如果打破土壤环境中的自然动态平衡，进而导致土壤酸化、板结，土质变坏；阻碍或抑制土壤微生物的活性，土壤酶活性降低，污染物的迁移转化会引起作物减产，农产品质量降低，通过食物链影响野生动物、畜禽生长发育和人体健康。土壤污染具有隐蔽性和潜伏性，其污染不容易被直观发现，需要通过农产品及摄食的人或动物的健康状况反映出来，从污染到产生严重后果有一个逐步积累过程。重金属进入土壤往往是不可逆的过程，且可以通过食物链危害动物和人体健康（左玉辉，2010）。

土壤污染物是指土壤中存在的直接或间接地对土壤生物或人类产生毒性，引起环境风险的元素或化合物（Vangronsveld et al.，2009）。土壤污染可由有机毒物和无机毒物产生（Mench et al.，2010）。有机污染物包括人工合成的有机农药、酚类物质、氰化物、石油、多环芳烃、洗涤剂等，其中持久性有机污染物（persistent organic pollutants，POPs）因其性质稳定、难降解而受到广泛关注。无机污染物主要为重金属、放射性物质以及有害的氧化物、氟化物、酸、碱、盐等。其中，重金属和放射性核素物质污染极难彻底消除，对人体具有潜在危害性。重金属一般是指对生物有显著毒性的元素，密度通常大于 $5.0g/cm^3$，如汞、镉、铅、铬、锌、铜、钴、镍、锡、钡、锑等，从毒性角度通常把砷、铍、锂、硒等也包括在内。目前最受关注的五种重金属元素是：汞、砷、镉、铅、铬（左玉辉，2010）。

4.1.2　土壤污染的危害

土壤中的重金属和持久性有机污染物在土壤中相对稳定，很难被微生物分解，从而对土壤理化性质和微生物群落产生不良影响。重金属在土壤中短期内的危害表现得不明显，当重金属含量超过土壤容量，或者土壤环境条件发生改变时，土壤中的重金属可能立即活化，引发严重的生态危害。一般来说，重金属首先会对土壤微生物产生危害，一些不适应重金属环境的微生物数量会迅速降低，而能够适应重金属环境的微生物数量增加，最后成为优势种。

重金属元素在土壤中的积累对土壤动物和微生物产生了严重威胁，降低了群落多样性。同时重金属能抑制土壤酶活性。

土壤中的重金属进入植物体内能对植物产生毒害，严重时能导致植物死亡。此外，重金属能诱导植物产生对酶和生理代谢有害的物质（如过氧化氢），从而影响植物体内酶活性和正常生理过程。重金属元素的存在能影响植物对氮、磷、钾等养分元素的吸收，降低其生物可利用性。重金属具有生物放大作用，能随着食物链迁移进入动物和人体内，引起动物和人体组织器官的病变，导致骨密度降低，严重时危及生命。

POPs 一般都具有毒性，包括致癌性、生殖毒性、神经毒性等，严重危害生物体。由于其持久性特点，危害一般会持续很长时间。POPs 具有亲脂疏水性，能够在生物的脂肪组织内富集，同时可以沿食物链逐级放大，对处于高营养级的人类和动物的健康产生严重的威胁。此外，POPs 具有一定的挥发性，能在大气中长距离迁移到较偏远的极地地区，导致全球范围的污染问题（张红文等，2013）。

4.1.3　土壤污染修复技术

1. 物理化学修复

土壤电动修复是采用电动力学原理对土壤进行修复的一种物理方法。在受污染的土壤区域两端插入电极，施加直流电，利用形成的电场产生电动效应刺激土壤组分、污染物等，使它们产生迁移，污染物富集到电极区后进行集中处理。此修复技术不搅动土壤，修复时间短，是一种高效、经济的修复方法。但在电动修复污染土壤过程中，电解质的电解导致土壤 pH 发生变化，影响污染物的存在状态，因而影响其移动性。因此，需要配合其他辅助手段，如溶解污染物、控制土壤 pH 技术及其他协同技术等。

电热修复技术利用高频电压产生的电磁波和热能对土壤加热，加快污染物从土壤中解吸出来。主要用于修复易挥发的重金属污染土壤，如汞和硒。此技术虽能从根本上去除重金属，但需要利用高温高压条件，成本较高，而且破坏了土壤结构；修复过程中挥发出的重金属需要及时回收，避免二次污染问题。

化学修复技术主要是向土壤中添加改良剂，影响重金属的吸附、氧化还原、拮抗或沉淀作用，降低重金属污染物的生物可利用性。常用的土壤改良剂有石灰、碳酸钙、磷酸盐、硅酸盐，以及天然或人工合成的添加剂。施加改良剂使污染土壤的原位修复技术可以固定住污染物，同时促进植物生长，加速生态修复进程，此技术越来越受欢迎（Vangronsveld et al., 2009）。此外，可以采用淋洗液将土壤中的重金属淋洗下来，再对淋洗液进行回收处理。该技术需要寻找不破坏土壤结构，又能将土壤中大多数重金属淋洗下来的淋洗液。常见的淋洗液有无机和有机酸、碱、盐及螯合剂等。

2. 工程修复

传统的工程修复措施主要有客土、换土和深耕翻土等方式。这几种措施基本不受土壤和环境的限制，可以降低表层土壤重金属的含量，降低植物根系接触的重金属的量，使农产品达到食品卫生标准。但是，深耕翻土容易导致表层土壤肥力降低，土壤结构遭到破坏，而且，工程措施工程量大，投资费用高，其适合小范围土壤污染治理。此外，换出的土壤需妥善处理，避免二次污染。

大多数的污染修复针对一种类型的污染物降解和固定，对有机和重金属污染土壤的原位修复技术是一项较为困难的工作。已有一些混合污染土壤的修复措施，但大多需消耗大量的能源，成本高。随着人们对土壤污染物研究的深入，对土壤污染物的处理技术逐渐由原来的不可持续的废弃物处理技术向环境可接受的技术转变。

3. 生物修复

植物修复技术是利用自然生长的植物或经过遗传培育的植物对重金属污染土壤进行修复，这类植物一般能耐受高浓度的重金属或对重金属有超积累作用。植物修复是一种绿色的、可持续的修复土壤复合污染的措施（Reddy and Chirakkara，2013）。目前为止约有 101 属、500 多种的植物已被报道具有超积累能力，包括菊科、豆科、石竹科、莎草科、十字花科、大风子科、唇形科、禾本科、堇菜科和大戟科等。植物对重金属的耐受性与植物的生态学性质、遗传学特性及重金属的理化性质有关。

　　动物修复技术中利用的动物主要是蚯蚓。蚯蚓在改善土壤质量方面有重要作用，它可通过摄食、挖掘、萃取和代谢土壤中的物质，改善土壤结构和养分。土壤动物排泄出的一些胶体物质可以吸附一些重金属离子，但与土壤微生物相比，土壤动物的数量和比表面积小得多，其修复效果往往不明显。

　　微生物技术是通过微生物的作用消除或降低土壤中的重金属对土壤生物的危害。微生物可以通过对重金属的固定作用、氧化还原作用、胞外沉淀作用以及挥发作用对重金属污染土壤进行修复。微生物修复可以在原位进行，降低了运输成本以及人体接触污染物的危害，而且可以与其他修复手段结合处理复合污染。

4. 联合修复

　　不同修复方法均有其优缺点，单一修复方法较难完成修复任务，因此可以结合不同的修复方法，改善修复效果。例如，采用化学-植物联合修复，借助某些化学试剂或改良剂增加植物对重金属的吸收速率，缩短植物修复的周期。应用改良剂对污染土壤进行改良是一个长期的过程，其主要目的是降低污染物进入附近水体或生物体内的风险。从生物质材料中提取出来的有机材料在施用前基本不需要前处理，因此越来越受欢迎。而且，土壤改良剂的施用也是有机废弃物处理的有效方法。此外，可以采用电动-植物联合修复以及微生物-植物联合修复等方式，提高植物修复的速度和效果（张红文等，2013）。

4.2　炭化材料与土壤污染修复

　　炭化材料对有机污染物有很强的吸附作用，这些炭化材料是化石燃料和生物质等不完全燃烧产生的，在土壤和沉积物中普遍存在，如木炭、焦炭或炭黑等，占总有机碳质量分数的 1%～20%（Cornelissen and Gustafsson，2005；Reddy and

Chirakkara，2013；Jonker and Koelmans，2002）。有机材料裂解产生的活性炭是一种吸附性极强的炭化材料，有机材料的不完全炭化使活性炭比表面积增加，吸附性极强（Brändli et al.，2008），可经活化增加其表面积（Brändli et al.，2008）。活性炭可以降低污染物的生物可利用性和环境风险，用于土壤和沉积物的污染修复（Cho et al.，2009）。从结构上看，炭化材料，如炭黑等与活性炭相似，是由细小的石墨碎片经高度无序堆积而成的疏松多孔的聚集混合物。炭化材料对有机污染物具有很强的吸附能力，特别是当有机污染物浓度较低时，其吸附能力远高于其他形态的土壤有机质，如腐殖酸。由于这些炭化材料的添加，土壤和沉积物对污染物的吸收可以比预想的高几十倍甚至上百倍（Cornelissen et al.，2005）。这种强大的吸收作用主要是由于土壤中的有机污染物比土壤中其他的有机物积累能力弱，而且，其较低的微生物可利用性也降低了土壤生物修复的潜能（Rhodes et al.，2008）。基于污染土壤中炭化材料的强吸收能力，可以将这些类型的颗粒材料，如活性炭、生物炭等，人为添加到土壤中用来降低有机污染物的生物可利用性（Zimmerman et al.，2004）。

对于不能被微生物降解的无机污染物，如重金属，其在土壤中的不稳定的存在状态对环境影响最为直接和快速。炭化材料可以降低金属或非金属物质的生物可利用性，从而将污染物固定在土壤基质中，降低其风险（Clemente et al.，2006）。在复合污染土壤中，有机和无机毒物超过一定安全水平，改良剂的存在能降低有机和无机污染物的活动性，提供战略性的、经济的污染修复方法。

4.3　生物炭与土壤污染修复

与活性炭类似，生物炭也是由裂解过程产生，不同之处是，生物炭在施加到土壤之前未经过活化或其他处理。与活性炭不同，生物炭没有完全炭化，它是由多种不同程度炭化的材料形成的无定形状态的有机物质，比土壤中存在的其他有机物质更易与污染物发生反应（Chun et al.，2004）。与活性炭相似，有越来越多关于生物炭降低土壤中有机和无机污染物生物可利用性的报道（Cao et al.，2009；Spokas et al.，2009；Yu et al.，2009）。生物炭可作为原位土壤中可溶性污染物重要的汇，这里的渗滤液和径流可以汇聚起来回灌至地表（Robinson et al.，2007），但此种方法成功与否取决于污染物的量、生物炭对污染物的最大吸附量，以及生

物炭-污染物复合体的持久性，这与生物炭的生产条件（如原材料、加工温度等）
有很大关系（Gell et al.，2011）。

4.3.1　生物炭与土壤有机污染

关于生物炭对污染物质在土壤环境中的迁移、转化及生物有效性影响的研究
一直是热点。生物炭巨大的表面积和阳离子交换量，使其能够将有机和无机污染
物吸附在表面，降低污染物的活动性。关于活性炭在多种污染物吸附解析中作用
的研究及应用报道已有很多。原料以及生成温度的差异性导致获得的生物炭在吸
附过程、效果和机理上都存在不同。

1）生物炭吸附污染物的原理

最初关于应用炭化材料降低有机污染物生物可利用性的研究集中于活性炭对
沉积物的处理上。例如实验室研究发现，暴露在添加生物炭的沉积物中底栖生物
对多氯联苯（polychlorinated biphenyls，PCBs）的生物富集减少（Millward et al.，
2005），这为活性炭对污染土壤的原位修复提供了理论支持。据报道，活性炭使
用 18 个月后，土壤中 PCBs 的水平衡浓度降低了 90%（Cho et al.，2009）。施用活
性炭后，其他有机污染物，如双对氯苯基三氯乙烷（dichlorodiphenyltrichloroethane，
DDT）、多环芳烃（polycyclic aromatic hydrocarbons，PAHs）的水平衡浓度也有所下
降（Tomaszewski et al.，2007）。这些结果表明生物炭降低了土壤污染物的环境风
险。但是，当生物炭施加量少于 10%时，增加了对 PAHs 的吸收，降低了其解析，
最终降低了微生物对 PAHs 的降解（Gomez-Eyles et al.，2011）。这对有机污染物
的管理是一个挑战，一方面生物炭能够降低污染的短期风险，另一方面其最终的土
壤修复效果未必理想，这取决于生物炭的吸收强度与污染物、炭和土壤的固有性质。

有机物质对污染物的吸附作用通常采用双模式的吸附模式（Pignatello and
Xing，1996），在此模式下，有机物质的吸附有两种机理，一种是线性表面吸附
（非炭化材料，如腐殖质），另一种是非线性竞争表面吸附（炭化材料，如活性炭、
炭黑、生物炭等）（Cornelissen et al.，2005；Chun et al.，2004）。这一巨大的吸
附作用主要源于含碳质颗粒使土壤吸附能力增强，引入生物炭可以调整炭化材料
与非晶形有机质材料的比例（Beesley and Dickinson，2011）。

2）影响生物炭吸附作用的因素

升高生物炭的裂解温度可以增加生物炭的炭化率，从而增加其表面积，但降
低了无定形有机质的丰度（Chen et al.，2008），增强了生物炭对有机污染物的吸

收能力（Zhou et al.，2010；Yu et al.，2006），但减少了土壤生物对污染物的吸收（Yu et al.，2009）。Chen 等（2008）测定了不同裂解温度下生物炭的表面积，发现 700℃下生产的生物炭的表面积是活性炭的 1/2。这表明在高温环境下裂解的活性炭，其表面积更大，对有机污染物修复的潜能更大（Sharma et al.，2004）。考虑生物炭对污染物的吸附主要是非线性表面吸附，表明即使高表面积的生物炭有足够的吸收位点，但最后也会饱和。而且，活性炭的孔隙小，其吸附的有机质会堵塞吸收位点（Kilduff and Wigton，1999），因此，有研究者提出这也可能是长期暴露在污染土壤中的生物炭吸附能力减弱的原因（Yang and Sheng，2003）。活性炭与低温下生产的生物炭的对比实验发现，生物炭对阿特拉津除草剂呈线性吸收（Cao et al.，2009），表明生物炭在有机和无机污染修复中具有优势。然而，低温下生产的生物炭对阿特拉津的吸收能力比活性炭弱得多。这可能是由于生物炭的非定形组分，与土壤中的固有有机成分竞争，化合物对不同有机质颗粒的喜好不同，决定有机质是保持在土壤中还是添加的炭化颗粒中。关于炭化材料对有机和无机污染物影响的相关研究见表 4-1（Beesley and Dickinson，2011）。

表 4-1　炭化材料对有机和无机污染物影响的相关研究

添加材料	污染物	效果	文献来源
活性炭（2%和5%）	多氯代二苯并二噁英/多氯代二苯并呋喃	蚯蚓生物积累浓度降低，毒性当量降低了78%～99%；水平衡浓度降低了70%～99%	（Fagervold et al.，2010）
活性炭粉末（2%）	PAHs	水平衡浓度降低了63%～99%	（Brändli et al.，2008）
活性炭颗粒（2%）	PAHs	水平衡浓度降低了4%～64%	（Brändli et al.，2008）
硬木生物炭（450℃）（30% v/v）	PAHs	快速解吸率降低40%	（Beesley et al.，2010）
活性木炭（0.1%，1%和5%）	菲	微生物矿化作用降低了99%（0.1%）	（Rhodes et al.，2010）
松木生物炭（350℃）（0.1%和0.5%）	菲	吸附系数（K_d）增加了2～51	（Zhang H et al.，2010）
松木生物炭（700℃）（0.1%和0.5%）	菲	吸附系数（K_d）增加了6～700	（Zhang H et al.，2010）
硬木生物炭（10%）	PAHs	蚯蚓生物积累浓度降低45%；快速解吸率降低30%以上	（Gomez-Eyles et al.，2011）
小麦糠灰（1%）	敌草隆	吸附效率增加400～2500倍	（Yang and Sheng，2003）
麦秆炭（0.05%、0.5%和1%）	敌草隆	吸附率增加了7～80倍（1%）；敌草隆的降解率降低了10%以上	（Yang et al.，2006）

续表

添加材料	污染物	效果	文献来源
桉树生物炭（450℃）（0.1%、0.5%、1.0%、2.0%和5%）	敌草隆	吸附率增加了7～80倍	（Yu et al., 2006）
桉树生物炭（850℃）（0.1%、0.2%、0.5%、0.8%和1.0%）	敌草隆	吸附率增加了5～125倍	（Yu et al., 2006）
木屑生物炭	莠去津，乙草胺	对莠去津的吸附系数（K_d）增加了1.5倍；乙草胺的吸附系数（K_d）也有所增加	（Spokas et al., 2009）
桉树生物炭	毒死蜱，卡巴呋喃	微生物降解率降低40%，洋葱鲜重增加，毒死蜱和卡巴呋喃在植物残体中的含量分别降低了10%和25%	（Yu et al., 2009）
木炭生物炭（350℃）	特丁津	吸附量增加2.7倍	（Wang et al., 2010）
活性炭	环氧七氯	对南瓜生长无影响，降低了土壤溶液和植物茎秆中的农药浓度	（Murano et al., 2009）
棉花秆生物炭（450℃和850℃）（0、0.1%、0.5%和1.0%）	毒死蜱，氟虫腈	850℃生产的生物炭1%施加使灭菌土壤中的毒死蜱和氟虫腈的半衰期分别增加了161%和129%，未灭菌土壤中二者的半衰期分别增加136%和151%。850℃生产的生物炭0.5%和1%施加后增加了韭菜的鲜重。450℃生产的生物炭1%施加后韭菜中吸收的毒死蜱和氟虫腈分别降低了56%和20%，850℃生产的生物炭1%施加后使二者分别降低了81%和52%	（Yang et al., 2010）
活性炭粉末（0、200 mg/kg、400 mg/kg、800 mg/kg 土）	狄氏剂	黄瓜中狄氏剂的鲜重浓度显著降低（从0.012mg/kg降为0.004mg/kg）。活性炭对养分的可利用性和黄瓜产量作用不明显	（Hilber et al., 2009）
木屑生物炭（700℃）	特丁津	对特丁津的吸收显著增加（43倍）	（Wang et al., 2010）
硬木生物炭（400℃）（20% v/v）	无机污染物，砷	两种土壤中的孔隙水浓度增加；对巨芒草的生长和叶片对砷的吸收影响不明显	（Hartley et al., 2009）
桉树活性生物炭（550℃）（0、5 g/kg 土、15g/kg 土）	砷、镉、铜、铅、锌	使磷酸盐可提取砷增加17%。使二乙三胺五乙酸（DTPA）可提取铅降低51%；DTPA可提取锌增加124%。对玉米茎干物质量影响不明显，降低了茎中砷、镉、铜、铅的含量	（Namgay et al.,2010）
果树枝条生物炭（450℃）与矿山废渣混合（0～10%）	含有镉、铬、铜、镍、铅、锌的尾矿渣	10%添加量能降低镉、铅和铬的渗滤。不同施加浓度均显著降低了生物可利用性镉、铅和锌的含量	（Fellet et al., 2011）
硬木生物炭（450℃），与土壤混合（30% v/v）	砷、镉、铜和锌污染的棕色土	野外孔隙水中镉含量比对照多降低10倍	（Beesley et al., 2010）
硬木生物炭（450℃），与土壤混合（30% v/v）或表面覆盖（30cm）	砷、铅、镉、铜和锌含量较高的城市土壤	表面覆盖增强了剖面中砷和铜的活动性，对镉和铅影响不显著。渗滤实验中，生物炭增加了砷、铜和铅的活动性，加蚯蚓后，减弱了此效应	（Beesley and Dickinson, 2011）

3）生物炭修复有机污染土壤存在的问题

研究发现,不同的炭化吸收材料都能降低多氯代二苯并二噁英(poly-o-chlorinated dibenzodioxin, PCDD)、PAHs 和有机杀虫剂的生物可利用性。从农业角度看,有机杀虫剂在土壤中吸收增多能够减少进入作物中的杀虫剂的量,但也会降低杀虫剂的效果,从而促使杀虫剂的使用量增加。因此,需要达到有机质对污染物的固定与其吸收强度之间的平衡,实现既能降低杀虫剂的污染风险,又可以促进微生物对污染物的降解。这就需要根据污染修复的目的以及主要污染物,对吸附能力强的高温生产的活性炭和低温生产的降低污染物毒性的生物炭进行合理安排。

4.3.2　生物炭与土壤无机污染

1）生物炭与土壤重金属污染

与有机污染物不同,无机污染物不能被微生物降解,这也对生物炭的使用产生了限制。生物炭可以将无机金属离子吸附在其表面,降低金属的生物可利用性,从而使重金属的风险降低。然而,植物必需的养分元素也同时被固定,影响植物对养分元素的吸收和利用。如果能够确定重金属活动性的降低量将利于生物炭的使用。Uchimiya 等(2010)采用人工淋滤试验比较了养鸡场废弃物生产的生物炭与用核桃壳生产的活性炭对铜、镍、镉的固定作用和氧化作用的影响,发现生物炭在降低淋滤液中的铜浓度上有效,活性炭对镍和镉浓度的降低效果更好。然而,在本身就对铜的固持容量很低的壤质砂土中,生物炭对土壤铜保持量增加的机制是由生物炭增加了土壤的 CEC 导致的。在一种本身对铜的固持容量很高的富含黏土的碱性土壤中,炭化材料中的灰分对其吸附作用有助于铜在土壤中的固持(沉淀)。施加生物炭增加了土壤溶液的平衡率,这可以增强对土壤中污染物的吸附作用。显然,特定的土壤参数能够影响土壤中的元素与施加的生物炭之间的络合和竞争作用(Beesley et al., 2011)。

在重金属的毒性浓度实验中,土柱和野外实验均发现生物炭添加可以降低孔隙水(淋滤液)中镉、锌的含量(Beesley et al., 2010)。图 4-1 显示了扫描电镜下生物炭颗粒上的镉和锌表面浓度的变化。图中(b)和(c)分别为污染土壤的淋滤液淋洗生物炭后,其表面的镉和锌浓度显著增加的照片。由图片可见,扫描电子显微镜图像中的生物炭内部孔隙可以不同程度地影响元素含量,但吸附容量不确定。Novak 等(2009)报道添加质量比 0~2%的核桃壳生物炭到酸性农田土壤中,其淋滤液中锌浓度降低,这可能与生物炭施加后土壤 pH 增加有关。Laird 等(2010)

也发现烘干的猪粪添加到含土壤和生物炭的淋溶仪中，其淋滤液锌浓度也有所降低，且随着生物炭的施加浓度增大，锌浓度降低的幅度也增加。在特定的研究中发现，生物炭施加后，铜、磷、钾、镁和钙浓度降低。Fellet 等（2011）用 0～10%的生物炭添加到尾矿渣中，发现其 pH 和 CEC 的增加降低了镉、铅和锌的生物可利用性。

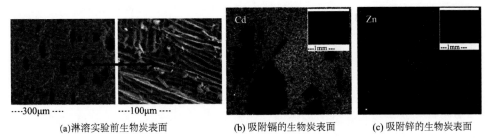

(a)淋溶实验前生物炭表面　　　(b) 吸附镉的生物炭表面　　　(c) 吸附锌的生物炭表面

图 4-1　污染土壤的土柱淋溶实验后硬木生物炭对镉和锌的表面吸附的扫描电镜图片
（Beesley and Marmiroli，2011）

　　Cao 等（2009）比较了不同温度下生产的生物炭与市售的活性炭对铅的吸附，发现生物炭的表面积虽然较活性炭小，但其对铅的吸附量比活性炭高六倍。作者认为其机制可能是生物炭将铅转换成不可溶的磷酸铅，从而降低了铅的活动性。生物炭中富含磷元素，生物炭生产温度增高，其中所含的磷、镁和钙含量也增加（Cao and Harris，2010）。生物炭比活性炭更容易在土壤中发挥作用，其在土壤中的化学机制比单纯的物理行为更受关注。Cao 等（2009）发现 200℃条件下生产的生物炭比 350℃下生产的炭对铅的吸收效率高，他们发现虽然 350℃下生产的生物炭总磷含量高，但 200℃条件下生产的炭可溶性磷含量较高。Karami 等（2011）添加硬木生物炭到矿山污染土壤中，发现添加生物炭后影响了铅的保持量。此研究中，生物炭的施加降低了孔隙水中铅的浓度（从 80mg/L 降低了一半多）。然而，生物炭与绿肥的混合物对土壤孔隙水中铅的降低更加显著（浓度降为不到 5mg/L），表明二者存在联合作用，也表明改良剂的作用不仅为物理作用，而且也包括化学和生物驱动作用（Beesley et al.，2011）。

　　2）生物炭与砷污染
　　砷是一种非金属元素，砷元素广泛地存在于自然界，已被发现的砷矿物共有数百种。砷与其化合物被运用在农药、除草剂、杀虫剂与许多合金中。其化合物三氧化二砷被称为砒霜，是种毒性很强的物质。砷与铜、锌、铅、镉等金属不同，其在溶液中以氧-阴离子的形式存在，而且土壤中砷的活动性随着土壤 pH 的增加而增加，与阴离子交换位点相关（如铁、铝和锰氧化物与羟基氧化物）。这也表明除了生物炭本身的吸附能力外，其添加后引起的材料条件的变化，可能不仅影响金属的活性，而且可以控制砷的移动性。研究发现，生物炭可以有效去除废水中的砷，但有些研究认为是生物炭施加到砷污染土壤中，增加了土壤 pH 和可溶性碳（Beesley and Marmiroli，2011）。考虑 pH 和可溶性碳的增加降低了砷的活性，为了保持土壤肥力，需要调控土壤 pH 和可溶性碳等土壤指标，因为这些指标可能不利于降低土壤中砷的含量。

　　根据文献研究，一种中度污染的城市土壤添加体积比为 30% 的生物炭后，其孔隙水中砷浓度增加，Namgay 等（2010）发现生物炭施加使磷酸可提取的砷增加。Beesley 和 Marmiroli（2011）发现，尽管存在一些表面吸附作用，但是生物炭对土柱实验中复合污染土壤淋溶液中砷基本没有作用。生物炭施加后对其他阴离子元素，如锑、铬、钼、锡或钨等的影响很可能与对砷的影响类似（Beesley et al.，2011）。

　　3）生物炭修复金属污染中存在的问题及对策

　　为了减弱生物炭使用中的限制因素的作用，如对砷的移动性的作用，有研究试图同时加入其他固体改良剂来固定和降解土壤污染物。生物炭与氧化铁混合是一种很好的选择，因为氧化铁能通过阴离子交换降低土壤中砷的活动性（Warren et al.，2003）。Nguyen 等（2008）发现将老化的黑炭（常作为生物炭的替代品）暴露在土壤中后，在其颗粒表面可以保持铁元素。Mench 等（2003）发现有机肥和富含铁的材料对降低土壤中金属和砷的可利用性上存在协同作用，由此，生物炭与有机肥和富铁材料混合后可能具有更高的固定砷的容量，促进对具有植物毒性的金属的保持，加快有机物的降解和吸收，降低碳与氮、磷、钾元素的比例。而且，生物炭与有磁性的 Fe^{3+} 或 Fe^{2+} 混合施加后可以增加对有机污染物和磷酸盐的吸收，而未磁化的碳对污染物的影响作用不明显（Chen et al.，2011）。在污水中使用磁化的生物炭作为吸收剂具有可行性，因为吸收剂最后可以被磁铁吸除，但是应用在土壤污染修复上还需要进一步探讨。虽然理论上此种方法有潜在的效果，但此种方法增加了生产生物炭的成本，也限制了其在野外的大规模使用（Beesley and Marmiroli，2011）。

　　施加生物炭（pH 一般为 7~9）到酸性土壤中，可使土壤 pH 增加，由于 H^+ 和金属离子对生物炭表面的阳离子交换位点的竞争减弱或土壤基质的限制作用，使土壤中金属阳离子的活性降低。生物炭施加到中性或碱性土壤中，金属的活性没有明显的降低（Gomez-Eyles et al.，2011），表明观察到的金属活动性的降低是由于生物炭对酸性土壤的石灰效应，而不是固定剂的作用。

Yuan 等(2011)将九种豆科植物和非豆科植物生产的生物炭(pH 为 6.4～10.4)分别在酸性土壤(pH 为 4.3)中孵化 60d。非豆科植物生物炭使土壤 pH 的增加量小于 0.7，而豆科植物生物炭使土壤 pH 增加 1 以上。此实验中发现生物炭的 pH 与其石灰效应呈正相关，因此，可以预测生物炭施加后土壤 pH 的变化及其对土壤金属活动性的影响。Beesley 和 Marmiroli（2011）发现通过含有生物炭的土柱后，去离子水的 pH 增加了两个单位。Karami 等（2011）测定了混有硬木生物炭酸性土壤土柱中的土壤和土壤孔隙水的 pH 均没有变化，但是经过 1、2、3 个月后土壤孔隙水的 pH 均增加了约两个单位。这表明，即使在土壤表面施加，生物炭与土壤物理接触，其对土壤渗滤液的石灰作用也能对其中一些元素产生影响。Beesley 等（2010）发现施加生物炭后土壤中铜活性增加，这是由于生物炭增加了土壤中可溶性有机碳的含量。而 Gomez-Eyles 等（2011）发现硬木生物炭施加后土壤中水溶性碳和铜活性降低。因此，生物炭的作用还不明确，这也与土壤条件有很大关系。

4.3.3 生物炭与污染土壤生态修复

1）生物炭与植物修复

生物炭可以使土壤中的一些污染物固定或者活化。然而，在土壤修复上，还需要考虑生态方面的作用，此方面与生物炭的属性和特征有密切关系。由于污染的土层往往较新，土壤发育未完全，植被覆盖率很低（Bellamy et al.，2005）。污染土壤的植被恢复是维持其稳定的关键，植被的覆盖能够降低土壤中污染物进入水体或其他生物体内的风险。植物修复主要目的是控制污染物向生态系统和人类的迁移，将污染的风险降到最低。在有机污染的情况下，可通过对污染物的降解使其固定住，生物炭的施加可以吸附和固定有机污染物，降低其进入人体和生态系统的风险。对无机污染来说，微生物不能对其进行降解，因此需降低其活动性和生物可利用性，对复合污染来说，这些因素更需要综合考虑，应用起来更加具有挑战性。

在植物修复中生物炭的作用可能是由于其产生的石灰效应，土壤容水量的增加以及土壤结构的改善促进了植物生长。然而，这些有益效果往往仅在生物炭与有机或无机肥料共同施加的情况下出现，表明生物炭作为土壤改良剂，在促进植物恢复时不适合单独施加（Asai et al.，2009）。虽然有研究报道生物炭单独施加后对农业产生有益作用，但也有关于施加生物炭后，植物生长受抑制的报道（Kishimoto and Sugiura，1985）。出现此矛盾现象的原因是有些生物炭能够增加土壤养分容量，减少养分流失，提高其利用率，但是也可能降低未施肥土壤中养分的利用率。例如，甜菜渣制得的生物炭可以吸收磷酸盐，通过调整未施肥土壤的可利用养分的平衡实现双赢，但是在养分过剩和不足的情况下其效果均不好。这也表明，在养分缺乏的土壤中，生物炭如与有机改良剂（如有机肥）联合施加可能更适于污染土壤的植物修复（Beesley et al., 2010）。生物炭有较高的阳离子交换容量，与其他有机改良剂联合施加的研究也受到了关注。生物炭的阳离子交换容量适用于金属污染的土壤修复中，但是它们在固定污染物的同时也同样固持住更多的植物养分元素（Beesley and Dickinson, 2011）。

　　尽管改良剂能够有效固持污染物，促进污染土壤中植物的生长，但植物可食用部分的高生物量也增加了污染物向较高营养级的迁移。由于生物炭能够降低土壤中污染物可利用性，减少植物对痕量的无机元素和有机化合物的吸收，可作为降低植物对污染物吸收的有效改良剂。如果土壤中污染物的浓度很低，植物吸收的量很少，而植物产量增加明显的话，可以使用生物炭和其他富含可溶性氮、磷、钾元素的改良剂混合进行改良。如果污染物浓度很高，建议施加较高比例的生物炭，与养分元素含量低的改良剂混合施加，缓慢促进土壤的自然演替，不建议快速恢复植被和获得高生物量，以免造成污染物的迁移。采用生长周期短的小灌木对污染物原位修复的研究发现，生长在污染环境中的植株可经过裂解产生能源，如果污染物被固持在生物炭中，得到的生物炭可以作为改良剂施回到土壤中。Hartley 等（2009）认为可以在砷污染的土壤中种植芒草，他们发现污染物从土壤向植物的迁移量很小，但是结果也显示，生物炭单独施加不能促进此工业污染土壤上植物的产量的增加，如果想增加产量的话，需要将生物炭与其他改良剂同时使用。Karami 等（2011）发现施加硬木生物炭后铅和铜从土壤向黑麦草迁移受到迁移效率或生物富集因素的影响。最终，他们认为可以根据植物生物量及其对污染物的吸收量来评估风险，而这两因素受生物炭的影响。

　　考虑生物炭促进植物生长和生物量增加的长期效果，研究者提出一些重要的关于生物炭对植物存活及演替影响的问题。Spokas 等（2009）研究显示，生物炭衍生的植物激素乙烯（C_2H_4）可能与生物炭改良及对植物的有益影响有关。然而，随着裂解温度和表面积的增加，测得的乙烯量逐渐降低。在表面积最大的一种活性炭处理中没有测到乙烯，可能是由于高裂解温度使乙烯产生量较少，也可能是由于高比表面积的炭吸收了乙烯。活性炭能吸收他感化合物，减少植物间他感化合物的量，可以用于实验室研究植物之间的他感作用（Lau et al., 2008）。然而，尽管有生物炭提高菌根侵染率的报道（Warnock et al., 2007），但也有研究显示活性炭通过吸收植物根系与真菌之间的信号传导物质降低根系的菌根侵染率（Wurst and Rillig，2010）。

2）生物炭与土壤微生物修复

污染土壤的可持续修复需要注重保持或提高土壤质量。这可以通过碳吸收减轻土壤侵蚀、保护地表和地下水的水质及增加土壤生物多样性。土壤生物可以提供一系列的生态系统服务功能，如有机质的分解（与有机污染物的分解联合）、物质循环、土传病害的抑制。土壤微生物群落也可以用于监测污染土壤质量以及土壤退化或修复的程度（Harris，2003）。生物炭的孔隙及其对有机碳的吸收能力为微生物提供栖息环境，保护其不被捕食者（如弹尾虫、线虫类或原生动物）捕食。这可能是报道的生物炭施加后微生物生物量和活性增加的原因（Pietikäinen et al.，2000）。Chan 等（2008）发现随着生物炭施加率的增加，微生物量碳增加，而活性炭（550℃下裂解）施加量的增加未使微生物量碳发生变化。这可能由于用硫酸钾提取的方法不能检测到施加活性炭的土壤中的微生物量碳（Durenkamp et al.，2010），或者表明活化的炭提供的栖息场所不如未活化的炭适合微生物。Pietikäinen 等（2000）也发现活性炭没有像生物炭一样增加微生物量或活性。而且，还降低了微生物降解有机污染物的效率，这是由于活性炭将有机物吸附在其表面，降低了其生物可利用性（Yang et al.，2009）。生物炭的存在使有机农药被生物降解的现象也有出现（Yang et al.，2006）。由于高浓度的污染物对土壤群落产生毒害，污染土壤的生物多样性很低（张薇等，2004）。生物炭是微生物潜在的动态生态位，加入土壤中后，可以保护污染土壤中的微型和中型微生物，增加其多样性和丰富度。

3）生物炭与土壤动物修复

由于对有机物质的降解、养分循环和水分的作用，蚯蚓被称为土壤生态系统的工程师，蚯蚓的这些作用对退化或干扰土壤的植被恢复有重要作用（Boyer and Wratten，2010）。关于生物炭对蚯蚓影响的文章较少，且存在争议。大多数实验采用赤子爱胜蚓（*eisenia fetida*）作为研究对象，测试化学物质对蚯蚓的影响。选取此物种是由于其对污染物有一定耐受性且易获得。但它是一种堆肥后产生的物种，不能生活在矿质环境中，在大多数污染土壤和农田土壤中不常见，因此它未必是最适合的受试动物。Fagervold 等（2010）和 Gomez-Eyle 等（2011）发现活性炭和硬木生物炭都能降低土壤中赤子爱胜蚓的重量。然而，以上两个研究中蚯蚓脂肪含量均未降低，表明在测试期间蚯蚓没有挨饿或完全不摄入食物。蚯蚓的碳源——可溶性有机碳可能被吸收至生物炭中，不能被其利用。实验室和野外实

验在五氯苯酚污染的土壤中添加 2%生物炭后，土壤中发现了赤子爱胜蚓。Liesch
等（2010）发现松树木屑生物炭对赤子爱胜蚓的死亡率和质量无影响，牲畜粪便
生物炭施加量大于 67.5t/hm² 时，赤子爱胜蚓的死亡率达到 100%，这可能是由于
粪便生物炭中的 pH、盐度和氨离子浓度较高。此外，钠、镁、铝、铜、锌、铁、
砷等的浓度也有所增加，但浓度均在致毒剂量之内。使用前清洗或淋洗高盐度、
高氨离子浓度或有毒元素的生物炭可以防止其对植物产生毒性，但这会产生具有
毒性的淋溶液，需要处理。

　　在亚马孙"黑土"中发现了热带蚯蚓（*pontoscolex corethrurus*），有报道发
现此种蚯蚓可以消化生物炭颗粒，增加土壤肥力（Topoliantz et al.，2005），也有
研究发现它们把生物炭放在一边，不分解利用（Topoliantz and Ponge，2003）。
但在实验室进行的蚯蚓分解生物炭的实验中，发现与未加生物炭（过 2mm 筛）的
对照相比，赤子爱胜蚓没有避开生物炭（Chan et al.，2008），而且事实上，它们喜
欢生物炭改良后的土壤（van Zwieten et al.，2010）。Chan 等（2008）发现，与 550℃
生产的活性炭相比，赤子爱胜蚓更喜欢 450℃下生产的未活化的生物炭。然而，用
过 2mm 筛的生物炭做野外实验的结果与此不同，由于过筛后产生大量的尘，较大
颗粒(未过筛)的生物炭对蚯蚓的毒性作用还需要进一步测定。Beesley 和 Dickinson
（2011）也讨论了陆正蚓（*Lumbricus terrestris*）能消化生物炭，或者它们对金属
的活动性和溶解的有机碳的影响仅仅是土壤的扰动引起的。其研究发现，蚯蚓降
低了中度污染的城市土壤孔隙水中溶解的有机碳的浓度，进而降低了砷、铜和铅的
浓度。这些效应的机制有多方面：生物炭对土壤的石灰效应，金属与砷和溶解态碳
的共同移动性（co-mobilisation），蚯蚓消化生物炭的能力。这些效应的产生是由
于生物炭的扰动还是硝化生物炭和邻近的土壤，还需要进一步的系统实验研究。

4.4　有机肥与土壤污染修复

4.4.1　有机肥与有机污染

　　环境污染或使用农药和杀虫剂等农业活动使土壤或有机肥中含有杀虫剂、持
久性有机污染物（POPs）或重金属类物质。因此，为了减少外源污染物通过人为
过程进入土壤，生产有机肥的原料要尽量保证无污染。在堆肥过程中杀虫剂和有

机污染物可以被降解或固定。在温度、好氧微生物和生物化学过程的作用下，堆肥能有效降低有机污染物的含量。例如， PCBs 在堆肥过程中降低了 45%。污水处理厂污泥中常见的污染物，如直链烷基苯磺酸盐、壬基酚和邻苯二甲酸二己酯在堆肥过程中的氧化条件下基本可以完全降解。而且，卤代有机化合物和杀虫剂在堆肥过程中，特别是在高温阶段的降解速率快于在土壤中的降解速率。施加粪便有机肥后，在有机肥和土壤混合物中污染物的矿化率更高，这与多环芳烃和其他碳氢化合物的降解有关。由于含有大量的腐殖质，粪便有机肥能吸附和固定 POPs，使 POPs 的可利用性降低，从而减轻其毒性（Fischer and Glaser，2012）。

4.4.2　有机肥与重金属污染

由于含量较少，有些重金属和痕量元素可以作为植物养分元素，但是积累到一定程度会产生毒性。因此，有机肥中的有机质能吸收重金属降低其溶解度，而使重金属活性降低。除了一些高表面积的非晶形的矿物质外，土壤有机质对重金属的固定能力最强。土壤有机质对重金属的吸附能力由强到弱依次为铬>铅>铜>银>镉=钴=锂。另外，对多种土壤的实验表明，镉、铜、锌、铅和镍的溶解度与土壤有机质含量显著相关。在有机肥施加很长时间后，有机肥中的有机物质仍能有效地固定重金属（Fischer and Glaser，2012）。

4.5　生物炭与有机肥在土壤污染修复中的潜能

生物炭有降低土壤中多种有机和无机污染物含量和活性的潜能。由于现代环境净化策略越来越重视污染物的毒理学性质，生物炭技术可以作为较适宜的修复方法。然而，污染物的固定仅是污染土壤修复的一方面。除了对土壤理化指标的改善，生物炭也适于污染土壤的修复，但有时需与其他改良剂联合施加。生物炭可使多种元素复合污染土壤中有机污染物活性降低，这为生物炭广泛应用到污染土壤的修复中提供了吸引人的、经济的方案。

在一些情况下，生物炭能有效降低重金属活性，同样也能使一些养分元素被固定住。由于土壤修复需要保持土壤质量和材料的性质，利于植物生长，因此对可持续修复来说，单施生物炭可能并不一定有效。生物炭的碳氮比和 pH 均较高，因此选择满足合适的可以降低污染物活性并能修复土壤的生物炭较为困难。土壤微生物可在生物炭的结构中得到保护，土壤动物也可能喜食生物炭提供的一些物质；有研究支持生物炭在侵蚀土壤修复中的广泛生态应用。然而，一些实验室研究发现生物炭对微生物和蚯蚓存在负面影响，因此，生物炭对土壤动物的长期影响还需进一步探索。在应用高表面积，同时对有机污染物有高亲和力的生物炭时要考虑得更加周全。从这方面看，一种生物炭适于所有土壤的修复是不可能的。Beesley 和 Marmiroli（2011）提出选择生物炭时需要有一些标准（图 4-2），要根据特定的污染情况选择生物炭，并根据修复的结果不断完善。

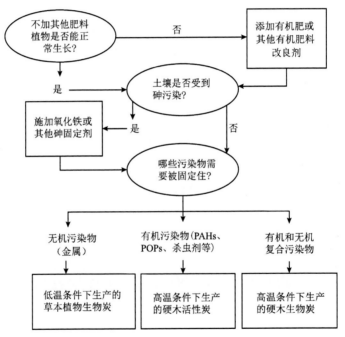

图 4-2　针对不同重金属污染土壤的修复方案（Beesley and Marmiroli，2011）

　　在生物炭野外施加前，需要明确随它们的吸收位点被土壤原有的有机质和污染物占据后，生物炭固定污染物的容量是增加、降低还是不变。由于长期的野外实验研究很少，在施加前需详细思考和推测，分析生物炭施加到土壤后的利与弊。高比例的生物炭施加后能吸收更多的污染物和碳，但成本高，同时可能降低土壤肥力（Rondon et al.，2007）。高施加量对土壤动物产生毒性的原因可能是生物炭并不是动物喜欢的基质，此外，在高施加量下炭本身可能也会产生污染，如多环芳烃类物质（Thies and Rillig，2009）。此外，生产生物炭的原料如果含有污染物也会留在生物炭中。由于改良剂特别是生物炭，密度低，需要明确最终产生的影响并不是由于生物炭施加后的稀释效应导致的。不管施加量多少，都需要补充养分元素，特别是氮素来保持土壤肥力。

为了使生物炭对土壤的有益作用最大化，施加生物炭粉末，使其表面积增加，从而增加炭对污染物的吸附能力（Nocentini et al.，2010）。粉末炭更稠密，易运输和转移，可以加入其他基质中作为膨胀剂。虽然土壤中的小颗粒生物炭存留时间比大颗粒短，但仍能留存几百年。因此，粉末炭可以泥浆的形式添加，以减少风力侵蚀，也容易施加，利于土壤的改善。这种物理改良也能确保蚯蚓能取食和分解生物炭。对于生物炭改良剂施加后的生态可持续性问题，可以通过调整生产条件来确保一种无定形的有机物质能保留在最终产物中。如其他改良剂一样，生物炭施加到污染土壤中的成本将是决定其应用的关键因素，特别是如果还需要预处理的话，成本会更高。采用当地的废弃物生产生物炭要比特制的生物炭成本低，但是其生产出的炭未必能够很好地吸附特定的污染物，因此，需要权衡成本和效果。不考虑其潜在的效果的话，从重量问题上考虑，较高的运输成本可能是影响其大面积修复应用的重要因素（Beesley and Marmiroli，2011）。因此，在进行重金属污染土壤的修复中，要在了解污染物的组成、类型及污染特点的基础上采取相应措施，并与其他有机改良剂合理配施，为重金属污染修复提供新途径。

第5章 生物炭和有机肥与作物

生物炭固有的结构特征与理化特性，使其施入土壤后对土壤容重、含水量、孔隙度、阳离子交换量、养分含量等产生一定影响，从而直接或间接地影响作物生长和产量。

5.1 生物炭与作物

5.1.1 生物炭与作物生物量和产量

由于生态条件、气候条件以及土壤类型等的差异，国内外关于生物炭施入土壤后对作物生长发育和产量影响方面的研究也很多，生物炭在水稻、玉米、高粱、小麦、大豆、花生、豇豆等作物生长上产生较好的效果。表 5-1 列出了生物炭施加后对作物生物量及产量影响的相关报道数据。

表 5-1 生物炭施加对作物生物量及产量的影响

作物	生物炭施用量	影响数据	文献
小麦	$10t/hm^2$	干重提高约 66.7%	（van Zwieten et al., 2010）
高粱	$10t/hm^2$	干重提高约 16.7%	（van Zwieten et al., 2010）
	$11t/hm^2$	产量增加约 40%	（Steiner et al., 2007）
萝卜	$10t/hm^2$	干重提高大于 50%	（van Zwieten et al., 2010）
番茄	$10t/hm^2$	果实数量增加 64%，果实产量提高 64%，干重提高 19%，株高增加 30%	（Hossain et al., 2010）

续表

作物	生物炭施用量	影响数据	文献
玉米	8t/hm² 和 20t/hm²	产量提高 71% 和 140%	（Major et al.，2010）
	15 t/hm² 和 20t/hm²	产量提高 150% 和 98%	（Uzoma et al.，2011）
水稻	68t/hm²	产量增加 17%	（Lehmann et al.，1999）
	57～66t/hm²	生物量提高 17%	（Glaser et al.，2002）
	11t/hm²	产量增加约 35%	（Steiner et al.，2007）
	25.5～45.5g/kg（干重）	生物量提高 166%，果实产量提高 294%，果实数量提高 232%，根生物量提高 147%	（Noguera et al.，2010）
	10t/hm² 和 40t/hm²	水稻产量分别增加了 12% 和 14%	（Zhang A F et al.，2010）
辣椒	1%～5%	生物量提高 28.4%～228.9%，果实产量提高 16.1%～25.8%	（Graber et al.，2010）
大豆	50kg/hm² 和 100kg/hm²	产量提高 23% 和 43%	（Tagoe et al.，2008）
	60g/kg 和 90g/kg	生物量增加了 39% 和 46%	（Rondon et al.，2007）
花生	10L/m²	产量提高约 35%	（Yamato et al.，2006）
	6%	生物量提高 112%，产量增加 77%	（Xu et al.，2015）
小麦、蚕豆、甘蓝	0、5t/hm²、10t/hm²	对产量无显著影响	（Tammeorg et al.，2014）

　　一些研究也表明，生物炭能够促进作物苗期的生长，提高各生长指标，如施加生物炭的处理，玉米苗期的株高和茎粗分别比对照增加了 4.31～13.13cm 和 0.04～0.18cm（刘世杰和窦森，2009）。施加生物炭显著增加了藜麦的总叶面积、叶片和主根的生物量，以及每株作物的总叶片数，在水分供应充足的情况下，生物炭增强了作物地上部的呼吸作用（Kammann et al.，2011）。在酸性土壤中以 10t/hm² 的标准施用生物炭，土壤中交换性铝的毒害作用减小，小麦株高增加了 30%～40%（van Zwieten et al.，2010）。Tammeorg 等（2014）指出，生物炭对作物的产量没有显著影响，但是能够提高干旱年份蚕豆和甘蓝的单株结籽数。生物炭对作物生物量和产量的促进作用还随时间的延长而表现出一定的累加效应。Major 等（2010）对玉米和大豆轮作土壤进行多年的生物炭处理试验结果表明，施用 20t/hm² 生物炭的土壤，第一年玉米产量并未提高，但在随后的三年中，产

量逐年递增，分别比对照提高了 28%、30% 和 140%。在巴西亚马孙河流域的田间试验也表明，以 11t/hm^2 标准在土壤中施入生物炭，经过两年四个生长季后，水稻和高粱的产量累积增加了 75%（Steiner et al.，2007）。

Liu 等（2013）用元分析的方法分析了 103 篇 2013 年 4 月前发表的关于生物炭对作物生长及产量影响的文章，对生物炭作为土壤改良剂对作物产量影响的实验条件进行量化。结果发现，在发表的文献中，生物炭的施加量大多在 30t/hm^2 以下，生物炭对产量的提高量平均值在 11%，作物类型不同，其对生物炭的响应也有很大差异，总体来说，豆科作物（30.3%）、蔬菜（28.6%）和草本作物（13.9%）的实验效果较好。不同的实验条件结果差异也很大，室内盆栽实验的效果要优于野外大田实验；酸性土壤的效果优于中性土壤；对砂质土壤的效果要优于壤土和黏土。另外，从野外大田实验的结果看，生物炭对旱田（平均 10.6%）作物产量的影响高于水稻（平均 5.6%）。

在大多数研究中，生物炭对作物生长发育和产量的影响都表现出正效应，但也有一些负效应的报道。Kishimoto 和 Sugiura（1985）的研究结果显示，当土壤中施入 5t/hm^2 和 15t/hm^2 生物炭时，大豆的产量分别下降了 37% 和 71%。生物炭施入量过大也会降低玉米等对 pH 敏感的作物的产量。张晗芝等（2010）发现，生物炭对玉米苗期的生长有显著的抑制作用。

也有研究报道，施用生物炭后产量增加不显著甚至有负影响（张晗芝等，2010；Killham，1985）。原因可能是生物炭多呈碱性，当施用量过大时，某些对 pH 敏感的作物极易表现出平产或减产；而且生物炭对作物生长发育和产量影响的差异性与土壤类型有很大关系（陈温福等，2013）。

5.1.2 生物炭与作物根系生长

许多早期的研究已表明，生物炭化材料在一定情况下能够促进作物根的生长（Nutman，1952；Breazeale，1906），植物的根能够伸入生物炭的孔隙中（Joseph et al.，2010；Lehmann et al.，2003），不同的生物炭以及土壤性质的差异其影响也不同。研究发现，施加森林火灾产生的松树和桦树炭，显著增加了落叶松幼苗根的生物量及根尖数（Makoto et al.，2010）。此外，Matsubara 等（2002）发现椰壳生物炭施加到热带土壤后，增加了芦笋储存根的数目；Noguera 等（2010）发现生物炭施加后增加了水稻的根长；Vooková 和 Kormuťák（2001）发现活性炭施加到不同的生长基质中后，阿尔及利亚冷杉胚胎的萌发和根定植均明显增加了 10%～20%。因此，生物炭不仅影响根的丰富度，也影响根的生长行为。

5.1.3　生物炭与作物光合作用

作物的光合作用会直接影响其产量，光合作用的增强对作物的植株生长以及养分、水分的利用有重要的作用。相对于生物炭对作物产量与生物量影响的研究，关于生物炭施加后对作物光合作用影响的研究较少。生物炭施用后有利于提高玉米生育期叶片叶绿素含量以及净光合速率（Xu et al.，2015），提高花生叶片光合作用速率和能力，但其对叶片光合作用能力的影响与土壤性质有很大关系（张娜等，2014）。

5.2　有机肥与作物生长及产量

有机肥施加后可以为作物生长提供适宜的环境条件，进而促进作物生物量的积累及产量的增加（Mkhabela and Warman，2005）。有机肥通过增加土壤孔隙数量，利于根的伸入，增加作物根系的吸收面积；通过促进团聚体的形成，减少土壤的侵蚀，使作物根系免受表土侵蚀后的直接损伤；土壤缓冲能力的提高有助于土壤保持稳定的反应条件，利于作物生长；促进有害农药及重金属的降解，从而减轻其对作物的毒害作用；有机肥潜在的杀菌剂的作用可以保护作物免受病原体和致病菌的侵染。有机肥对土壤物理化学和生物学性质多方面产生影响，它的施加可以提高作物生产力和农产品质量（Caravaca et al.，2002，2003）。

有机肥在使用过程中也有一些缺陷，如当这些肥料施入土壤后，其中的氮磷养分随降水、灌溉等进入河流、湖泊，不仅降低了土壤肥力和肥料利用率，同时加速了水体人为富营养化进程以及温室气体的释放（代银分等，2016）。有机肥已被公认为是温室气体（如二氧化碳、甲烷和一氧化二氮）的一个主要来源。此外，土壤中使用不稳定的有机肥可能导致作物毒害和产生环境负效应。因此，有机肥如果作为土壤改良剂施加需要控制其养分元素的流失，以及减少温室气体的释放。如果将有机肥的养分元素固定，或与其他土壤改良剂联合施加，增加其氮、磷等元素的稳定性，不仅可以有效改良土壤，同时可以增强肥料的生物可利用性，利于土壤的农业可持续利用。

5.3 生物炭和有机肥与作物生长及产量

　　不同的生物质改良剂联合施加可以改善土壤环境、增加土壤微生物量以及微生物群落多样性，而且对作物增产以及生物量的增加也有明显的作用。在不施肥的情况下，"黑土"使花生和水稻的产量比邻近的黄色铁铝土高 38%～42%（Lehmann et al.，2003）。与单独施加生物炭或有机肥相比，二者的混合添加对提高作物的养分利用率、根系活力、酶的活性（尤芳芳等，2016），增强作物对养分元素的吸收（Glaser and Birk，2012），提高作物产量和生物量效果更佳（Schulz and Glaser，2012；Chan et al.，2007）。此外，生物炭与有机肥配施可以有效增强作物的光合作用强度（彭辉辉等，2016），氮肥生物炭可使作物光合作用速率增加 40%～50%。因此，生物炭与富含氮的有机肥的混合肥可以作为半干旱环境下对作物增产有潜在作用的改良剂（Yeboah et al.，2016）。

　　Ohsowski（2015）采用有机肥、生物炭和 AM 真菌菌剂联合施加，用于加拿大安大略地区高草草原矿区废弃地的修复，结果发现，有机肥与生物炭联合施加增加了受试植物的生物量。Solaiman 等（2010）研究发现，施加生物炭和化肥以及接种 AM 真菌后，一种砂质壤土中小麦的产量比对照增加了 46%。Chan 等（2007）对比了生物炭和氮肥对萝卜的交互作用，发现在施用氮肥和添加生物炭的双重作用下，萝卜产量提高了 120%。Beck（2012）发现，AM 真菌和有机肥混合施加增加了北卡罗来纳州试验地草莓的生物量和产量，而单独施加 AM 真菌的影响不显著。

　　关于联合施加的效果也有负面影响的报道，如 Bass 和 Bird（2016）发现生物炭单施以及与有机肥联合施加虽然对土壤性状有明显改善，但降低了香蕉的产量。生物炭与有机肥对土壤及作物的影响效应与土壤性质、生物炭的制备条件、有机肥的来源以及施加量有关，因此对于在不同土壤中二者进行混合施加的联合作用效应及其机制还有待进一步研究分析。

5.4　生物炭和有机肥对作物生物量及产量的影响实例

5.4.1　材料与方法

大田实验设计同 3.4.1 节。

分别于作物的苗期、花期和成熟期进行大样本随机取样，每小区取 30 株作物，分离茎、叶和根后，于 105℃杀青，75℃烘干 24h 后用于生物量的测定。

于花期每处理随机选取 3 株代表性植株，取倒 2 叶～倒 6 叶的中间叶用 PAM-2000 叶绿素荧光测定仪连续监测（晴天，每隔 1h 测一次数据）单叶暗适应下光系统 II 反应中心处于完全开放时的荧光产量（F_o）、最大荧光（F_m）、PS II 最大光化学量子产量（F_v/F_m）、光适应状态下 PS II 反应中心完全开放时的荧光强度（F）、光适应状态下 PS II 反应中心完全关闭时的荧光强度（F_m'）、实际光化学效率（ΦPS II）、叶片的光合有效辐射（photosynthetically active radiation，PAR）、光合电子传递速率（electron transport rate，ETR）等参数。

于花期开始时每小区选取 10 株作物并悬挂标签，记录每天的开花数量并在花期结束后统计开花数和结荚数。作物成熟收获后进行考种，测单株荚数、单荚粒数、百粒重和单株产量指标，并计算每公顷产量。

5.4.2　不同生长期作物生物量及生物量分配

1）作物苗期生物量及生物量分配

从受试作物苗期不同处理根、茎、叶的生物量及其生物量分配的多重比较来看（图 5-1），不同处理之间差异显著，特别是对照（CK）与 FA 和 FB 处理差异均达到显著水平（$P<0.05$）。

不同处理作物根、茎和叶生物量均表现为 FB>FA>CK；不同处理根生物量分配由高到低依次为 CK>FA>FB。生物炭和有机肥联合施加使较大粒的品种（"大红袍"HD2 和"绿丰 1 号"LD2）幼苗根生物量分配显著降低（$P<0.05$），叶生物量分配显著增加，两种较小粒的品种（"珍珠红"HD1 和"小绿王"LD1）根生物量分配和叶生物量分配不同处理间差异不显著；二者联合施加使受试作物的茎生物量分配均显著增加（$P<0.05$）。由此可见，生物炭和有机肥的联合施加，对作物苗期各器官生物量的积累有显著效果，更有利于植株茎叶生物量积累和分配。

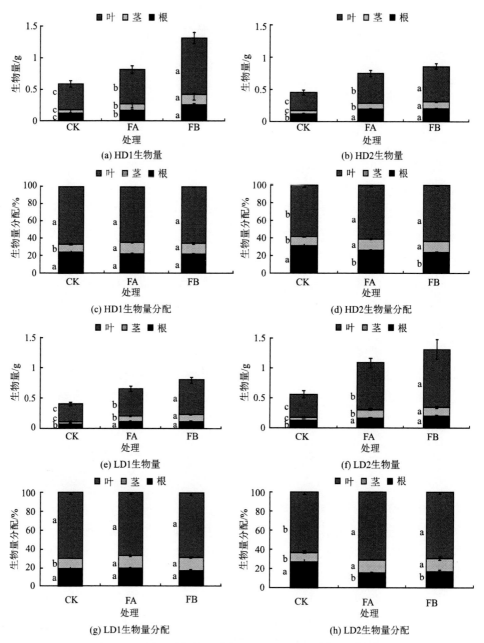

图 5-1　不同处理各作物苗期生物量及生物量分配多重比较

不同颜色柱分别代表根、茎、叶的生物量和生物量分配均值，不同字母表示处理间差异显著（$P<0.05$）

2）作物乳熟期生物量及生物量分配

从不同处理各受试作物乳熟期根、茎、叶及荚生物量和生物量分配的多重比

较看（图 5-2），随着植株的生长，各处理之间的差异逐渐明显，根、茎和叶生物

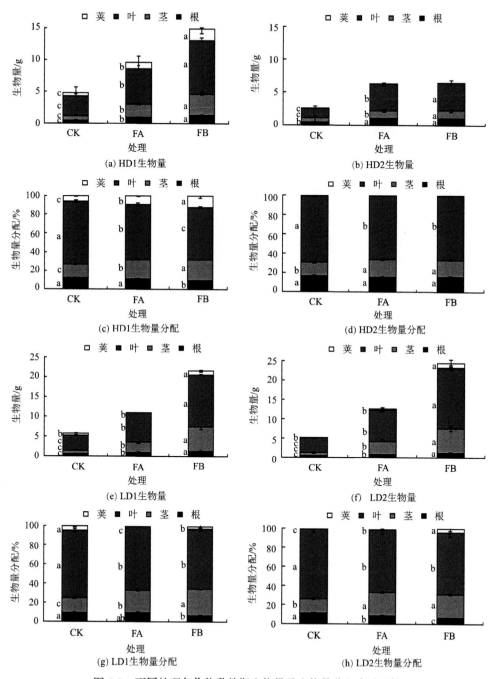

图 5-2　不同处理各作物乳熟期生物量及生物量分配多重比较

不同颜色柱分别代表根、茎、叶、荚的生物量和生物量分配均值，不同字母表示处理间差异显著（$P<0.05$）

量由高到低均依次为 FB>FA>CK，且对照与 FA 和 FB 处理间差异均达显著水平（$P<0.05$）。取样期，除"大红袍"（HD2）开花较晚未结荚外，其他三个作物品种荚生物量均以 FB 处理最高，显著高于对照和 FA 处理。四个作物品种的根生物量分配均依次为 CK>FA>FB，其中除"大红袍"（HD2）与对照无显著差异外，其他三个作物品种均表现为 FB 处理显著低于对照（$P<0.05$）；两种较小粒的作物品种（"珍珠红"HD1 和"小绿王"LD1）植株茎生物量分配表现为 FB>FA>CK，且各处理间差异显著（$P<0.05$），而两种较大粒的品种（"大红袍"HD2 和"绿丰 1 号"LD2）植株茎生物量分配表现为 FA>FB>CK；但总体上看，施加改良剂的处理植株茎生物量分配均显著高于对照（$P<0.05$），叶生物量分配显著低于对照（$P<0.05$）；除"小绿王"（LD1）荚生物量分配对照显著高于 FA 和 FB 处理外，另外两种作物的荚生物量分配均以 FB 处理最高。

3）作物收获期生物量及生物量分配

从收获期不同处理各作物生物量及其生物量分配的多重比较来看（图 5-3），根、茎、叶、荚生物量均表现为 FB>FA>CK，其中 FB 处理根、茎、叶生物量均显著高于对照（$P<0.05$），"小绿王"（LD1）除荚生物量各处理间差异显著外，其他各器官生物量表现为 FA 处理与对照差异不显著。随作物的生长，各作物根生物量分配呈现逐渐降低的趋势，而茎生物量分配相应增加。除"大红袍"（HD2）外，其他三个作物品种根生物量分配均表现为对照高于 FA 和 FB 处理，其中两种较小粒品种的根生物量分配表现为 FA 处理与对照差异显著（$P<0.05$），两种较大粒的品种不同处理间差异不显著；仅"小绿王"（LD1）的 FB 处理茎生物量分配显著高于其他处理（$P<0.05$），其他作物各处理间茎生物量分配差异均不显著；叶生物量分配表现为对照显著高于 FA 和 FB 处理，除"大红袍"红豆（HD2）外，其他三个作物品种对照与其他处理间差异均达显著水平（$P<0.05$）；除"大红袍"外，其他三个作物品种的荚生物量分配均以 FA 和 FB 处理显著高于对照。

除"大红袍"（HD2）对照植株的荚生物量分配显著高于 FA 和 FB 处理外，其他作物的荚生物量分配均以施加改良剂的处理高于对照。其中两种较小粒的作物（"珍珠红"HD1 和"小绿王"LD1）FA 处理荚生物量分配较高，显著高于对照（$P<0.05$），FA 和 FB 处理与对照差异均达显著水平（$P<0.05$）；"绿丰 1 号"（LD2）的荚生物量分配以 FB 处理最高，显著高于 FA 处理和对照。由此可见，改良剂施加可以促进大部分受试作物荚生物量的积累和分配，利于作物结实以及种子的生产，而且较低浓度的生物炭和有机肥联合施加对荚生物量的积累产生较显著的效果，对部分作物来说效果优于高浓度的生物炭和有机肥联合施加。

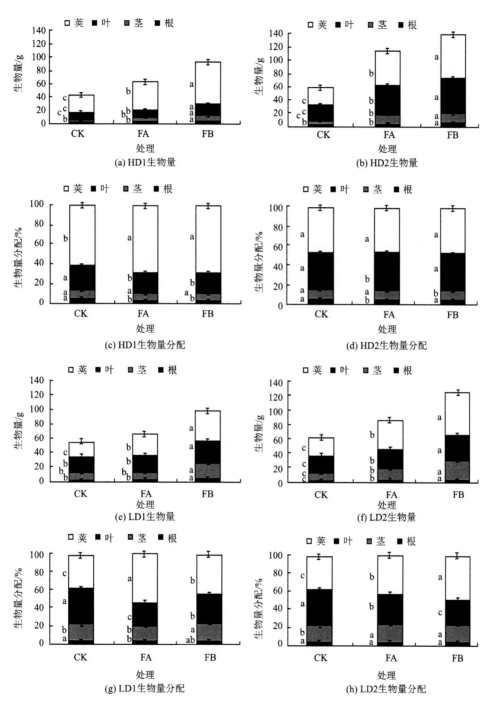

图 5-3　不同处理各作物收获期生物量及生物量分配多重比较

不同颜色柱分别代表根、茎、叶、荚生物量和生物量分配均值，不同字母表示处理间差异显著（$P<0.05$）

　　植株生物量的积累过程是自下而上进行的，首先是根系的扩展，根利于吸收更多的养分供地上所用，因此在土壤肥力相对不足时，植物吸收的养分优先供给根系生长，只有少量输送到地上茎叶部分，导致生物量的增速较慢，若养分供应较充足，能够加速茎秆物质的储存。作物开花后营养器官生物量的增速减慢，进而转化为花和种子的生物量积累上，以用于后续生长及繁殖所需。生物炭和有机肥联合施加对植株生长初期茎生物量的增加分配作用显著，到作物成熟期转化为荚和种子生物量的积累。

5.4.3　作物数量性状的拟合关系

　　经相关分析和显著性检验（表 5-2），HD1 各数量性状与总生物量之间，除 FB 处理植株总生物量与根生物量和叶生物量是极显著的线性相关，FA 处理的复叶数与总生物量为极显著线性相关，CK 处理的总生物量与根生物量为极显著的指数相关外，其他处理与总生物量之间均为极显著的幂指数相关关系。

表 5-2　作物植株的总生物量与生长数量性状之间的相关关系

作物	生长数量性状	处理	N	方程	R^2	P
		CK	30	$y=0.232e^{0.149x}$	0.853	<0.01
	根生物量/g	FA	30	$y=0.233\,x^{0.659}$	0.845	<0.01
		FB	30	$y=0.489+0.060x$	0.717	<0.01
		CK	30	$y=0.085x^{1.369}$	0.946	<0.01
	茎生物量/g	FA	30	$y=0.152x^{1.132}$	0.962	<0.01
		FB	30	$y=1.92x^{1.054}$	0.926	<0.01
		CK	30	$y=0.768x^{0.900}$	0.982	<0.01
HD1	叶生物量/g	FA	30	$y=0.612x^{0.983}$	0.961	<0.01
		FB	30	$y=0.253+0.541x$	0.924	<0.01
		CK	30	$y=0.247x^{-0.451}$	0.686	<0.01
	根冠比	FA	30	$y=0.290x^{-0.386}$	0.593	<0.01
		FB	30	$y=0.283\,x^{-0.375}$	0.366	<0.01
		CK	30	$y=5.480x^{0.676}$	0.701	<0.01
	复叶数/片	FA	30	$y=10.968+1.132x$	0.501	<0.01
		FB	30	$y=11.331\,x^{0.337}$	0.400	<0.01

续表

作物	生长数量性状	处理	N	方程	R^2	P
HD2	根生物量/g	CK	30	$y=0.177+0.080x$	0.572	<0.01
		FA	30	$y=0.145x^{1.031}$	0.606	<0.01
		FB	30	$y=0.309x^{0.609}$	0.873	<0.01
	茎生物量/g	CK	30	$y=-0.020+0.146x$	0.835	<0.01
		FA	30	$y=-0.041+0.189x$	0.669	<0.01
		FB	30	$y=0.115x^{1.226}$	0.974	<0.01
	叶生物量/g	CK	30	$y=-0.156+0.774x$	0.990	<0.01
		FA	30	$y=0.644x^{1.013}$	0.962	<0.01
		FB	30	$y=0.627x^{1.037}$	0.995	<0.01
	根冠比	CK	30	$y=0.287x^{-0.517}$	0.423	<0.01
		FA	30	$y=0.171x^{-0.034}$	0.001	>0.05
		FB	30	$y=0.292x^{-0.016}$	0.774	<0.01
	复叶数/片	CK	30	$y=6.589x^{0.178}$	0.164	<0.05
		FA	30	$y=3.594x^{0.774}$	0.406	<0.01
		FB	30	$y=3.642+2.010x$	0.736	<0.01
LD1	根生物量/g	CK	30	$y=0.170+0.054x$	0.718	<0.01
		FA	30	$y=0.277+0.058x$	0.717	<0.01
		FB	30	$y=0.4171x^{0.654}$	0.641	<0.01
	茎生物量/g	CK	30	$y=-0.069+0.171x$	0.829	<0.01
		FA	30	$y=-0.237+0.265x$	0.962	<0.01
		FB	30	$y=-0.802+0.322x$	0.945	<0.01
	叶生物量/g	CK	30	$y=0.013+0.697x$	0.923	<0.01
		FA	30	$y=-0.066+0.679x$	0.994	<0.01
		FB	30	$y=0.875x^{0.887}$	0.964	<0.01
	根冠比	CK	30	$y=0.130e^{-0.053x}$	0.277	<0.01
		FA	30	$y=0.256x^{-0.432}$	0.439	<0.01
		FB	30	$y=0.195x^{-0.368}$	0.333	<0.01
	复叶数/片	CK	30	$y=6.344+0.743x$	0.305	<0.01
		FA	30	$y=6.370x^{0.370}$	0.236	<0.01
		FB	30	$y=12.943+0.465x$	0.465	<0.01

续表

作物	生长数量性状	处理	N	方程	R^2	P
		CK	30	$y=0.180x^{0.656}$	0.639	<0.01
	根生物量/g	FA	30	$y=0.414+0.043x$	0.769	<0.01
		FB	30	$y=0.385+0.042x$	0.751	<0.01
		CK	30	$y=0.083x^{1.359}$	0.888	<0.01
	茎生物量/g	FA	30	$y=0.631+0.309x$	0.968	<0.01
		FD	30	$y=-1.508+0.316x$	0.945	<0.01
		CK	30	$y=0.793x^{0.949}$	0.978	<0.01
LD2	叶生物量/g	FA	30	$y=0.690x^{0.976}$	0.981	<0.01
		FB	30	$y=0.615+0.615x$	0.936	<0.01
		CK	30	$y=0.173e^{-0172x}$	0.332	<0.01
	根冠比	FA	30	$y=0.129e^{-0.029x}$	0.575	<0.01
		FB	30	$y=0.212x^{-0.386}$	0.355	<0.01
		CK	30	$y=6.291x^{0.064}$	0.023	>0.05
	复叶数/片	FA	30	$y=6.395x^{0.227}$	0.135	<0.05
		FB	30	$y=10.351x^{0.313}$	0.579	<0.01

注：x 表示植株的总生物量，y 表示作物的生长数量性状

　　HD2 各数量性状与总生物量之间，除 CK 处理植株总生物量与根生物量、茎生物量和叶生物量呈极显著线性相关，FA 处理的茎生物量与总生物量呈极显著线性相关，FA 处理的根冠比与总生物量之间不相关，FB 处理的复叶数与总生物量呈极显著线性关系外，其他处理与总生物量之间均为显著或极显著的幂指数相关关系。

　　LD1 各数量性状与总生物量之间，除 FB 处理植株总生物量与根生物量和叶生物量是极显著的幂函数关系，FA 处理的复叶数与总生物量为极显著幂函数关系，CK 处理的根冠比与总生物量为极显著的指数函数，FA 和 FB 处理的根冠比与总生物量为极显著的幂函数关系外，其他处理与总生物量之间均为极显著的线性相关关系。

　　LD2 各数量性状与总生物量之间，除 FA 和 FB 处理植株根生物量、茎生物量与总生物量之间是极显著的线性相关关系，FB 处理植株的叶生物量与总生物量是极显著的线性相关关系，CK 和 FA 处理根冠比与总生物量呈极显著的指数函数关系，CK 处理的复叶数与总生物量关系不显著外，其他处理与总生物量之间均为极显著的幂函数相关关系。

5.4.4 作物产量性状指标比较

1）作物产量性状指标

受试作物的产量性状指标多重比较结果表明（表 5-3），不同作物的产量性状指标差异显著，"珍珠红"（HD1）的单株荚数显著高于其他作物（$P<0.05$）；两种绿豆品种（"小绿王" LD1 和"绿丰 1 号" LD2）的单荚粒数显著高于两种红小豆品种，而百粒重显著低于两种红小豆品种（"珍珠红" HD1 和"大红袍" HD2），其中以"大红袍"（HD2）的百粒重最大。

表 5-3 不同处理各作物产量性状指标多重比较

处理	作物	单株荚数（平均值±标准差）/个	单荚粒数（平均值±标准差）/粒	生殖分配（平均值±标准差）/%	公顷产量（平均值±标准差）/（kg/hm²）	百粒重（平均值±标准差）/g
CK	HD1	33.00±3.40aC	6.70±0.33cB	52.0±1.75aB	1908.5±196.6aC	10.24±0.23bC
	HD2	17.30±1.89bB	8.00±0.27bA	55.38±1.68aA	1505.9±163.9abC	13.09±0.38aB
	LD1	22.20±1.81bB	11.70±0.43aB	28.58±2.19bB	987.6±80.8cC	4.41±0.12cB
	LD2	20.60±3.64bB	11.60±0.88aB	26.23±1.98bB	1348.0±237.9bC	6.60±0.09cC
FA	HD1	44.10±5.99aB	6.80±0.23cB	57.76±0.98aA	2993.8±407.2abB	10.51±0.26bB
	HD2	30.00±3.17aA	8.10±0.29bA	45.16±1.77bB	3558.5±391.5aB	16.93±0.30aA
	LD1	41.20±5.66aA	12.10±0.27aA	36.51±2.09cA	2180.3±299.3bB	4.93±0.04dA
	LD2	36.90±3.17aA	12.10±0.25aA	33.98±2.61cA	2913.9±243.1abB	7.81±0.09cA
FB	HD1	58.50±5.26aA	8.00±0.19cA	57.63±1.52aA	4500.2±404.9aA	11.41±0.24bA
	HD2	34.90±1.90cA	8.70±0.23bA	47.35±0.82bB	4445.5±242.4aA	17.62±0.31aA
	LD1	50.50±4.81abA	12.50±0.23aA	31.64±1.99cAB	2669.8±254.8cA	4.80±0.07dA
	LD2	40.80±5.21bA	13.20±0.26aA	31.93±1.29cA	3452.2±411.0bA	7.10±0.0cB

注：不同小写字母代表同一处理的不同作物间差异显著，不同大写字母代表同一作物的不同处理间差异显著（$P<0.05$）

改良剂施加后，各处理的产量性状指标差异显著，从两种红小豆品种来看，其单株荚数、单荚粒数、公顷产量和百粒重，由高到低依次为 FB>FA>CK。其中，以 FB 处理的作用最显著，其单株荚数、单荚粒数、公顷产量和百粒重均显著高于 FA 处理和对照（$P<0.05$），FA 处理的各项指标除单荚粒数外其他指标均显著高于对照（$P<0.05$）。由此反映出改良剂的施加以及生物炭施加量的多少对红小豆的产量性状指标均起到显著作用。两种绿豆品种的单株荚数、单荚粒数以及公顷产量由高到低依次为 FB>FA>CK。FA 和 FB 处理的单株荚数和百粒重均显著高于对照（$P<0.05$）；FB 处理的单荚粒数显著高于对照（$P<0.05$），FA 处理与对照单荚粒数差异不显著，不同处理的公顷产量差异达显著水平（$P<0.05$）。

生物炭和有机肥联合施加在有效改善土壤肥力的基础上，促进了作物的结实和增产，主要表现为提高单株结荚数，增加公顷产量。其中单荚粒数的增幅较小，在等量有机肥施加下，生物炭施加量的增多可以有效增加受试作物的产量。少量生物炭和有机肥联合施加（FA 处理）对作物百粒重的增效比较高量生物炭和有机肥联合施加的处理（FB 处理）显著。

两种红小豆品种的生殖分配为 45.16%～57.76%，两种绿豆品种的生殖分配为 26.23%～36.51%，表明不同受试作物的生殖分配有一定差异，其中以不同作物之间差异最显著，而同一物种的不同品系生殖分配的差异不显著，可见作物生殖分配主要取决于物种的生物学特征。生物炭和有机肥联合施加除对"大红袍"（HD2）生殖分配影响不显著外，其他三个作物品种的生殖分配均有所增加（$P<0.05$）。表明土壤中施加改良剂后，显著促进了作物用于繁殖的干物质的量及比例，进而促进了作物产量的提高。

2）作物产量指标与土壤因子相互关系

从各处理土壤养分和理化指标的多重比较来看（表 5-4），改良剂的施加有效增加了土壤电导率、持水量、总有机碳、总氮、总磷、速效磷、速效钾，降低了土壤容重。受试作物根围土壤总有机碳、总氮、总磷含量由高到低均依次为 FB>FA>CK，其中 FA 和 FB 处理的含量均显著高于对照（$P<0.05$）。除"小绿王"（LD1）土壤总钾含量为 FA 和 FB 处理显著高于对照外（$P<0.05$），其余三个作物品种根围土壤总钾含量在各处理间无显著差异。四个作物品种根围土壤速效磷、速效钾、电导率和持水量均表现为 FA 和 FB 处理显著高于对照（$P<0.05$）。改良剂施加对土壤硝态氮和铵态氮含量的影响不显著，除"小绿王"（LD1）根围土壤铵态氮含量以 FB 处理显著高于对照外（$P<0.05$），其他作物根围土壤铵态氮含量各处理间无显著差异。除"大红袍"（HD2）根围土壤 pH 在各处理之间无显著差异外，其他三个作物品种根围土壤 pH 均表现为 FA 和 FB 处理显著低于对照。除 FA 处理"小绿王"（LD1）根围土壤容重与对照无显著差异外，其他各作物根围土壤容重均为 FB 处理显著低于对照（$P<0.05$）。

作物的产量与土壤的理化性质有直接关系，为分析各指标与作物产量之间的关系，对各土壤养分含量和理化指标与作物产量和百粒重进行相关分析（表 5-5）。

表 5-4　不同处理土壤理化指标的多重比较

处理	作物	TOC/(g/kg)	TN/(g/kg)	TP/(g/kg)	TK/(g/kg)	AP/(g/kg)	AN/(g/kg)	AK/(g/kg)	pH	EC/(μS/cm)	WHC/%	BD/(g/cm³)	WC/%	MBC/(mg/kg)	MBN/(mg/kg)
CK	HD1	3.6±0.4aB	0.4±0.05aB	0.15±0.01abB	3.5±0.4aA	4.6±0.4aB	7.4±0.7aA	79±5aB	8.5±0.04bA	125±8aB	29±1aB	1.46±0.01aA	3.7±0.4aB	44±13aB	4±1aB
	HD2	4.3±0.1aB	0.5±0.01aB	0.16±0.01aB	3.3±0.2aA	4.7±0.5aB	7.8±1.0aA	81±4aB	8.4±0.04bA	127±10aB	28±1aB	1.47±0.01aA	3.4±0.2aC	47±6aB	5±1aB
	LD1	4.0±0.5aB	0.4±0.05aB	0.15±0.01abB	3.3±0.1aB	3.7±0.1abB	5.7±0.7aA	76±4aB	8.7±0.02aA	107±6aB	30±2aB	1.44±0.05aA	4.0±0.4aA	59±18aA	12±5aA
	LD2	3.5±0.5aC	0.4±0.02aC	0.14±0.01bC	3.3±0.3aA	3.4±0.3bC	9.1±1.5aA	79±4aB	8.7±0.02aA	117±3aB	29±2aC	1.47±0.05aA	3.4±0.6aB	39±20aB	5±3aB
FA	HD1	10.2±0.6aA	0.8±0.02aA	0.29±0.02aA	3.6±0.1abA	55.3±5.8aA	8.9±0.1aA	234±36aA	8.2±0.03cB	257±52aA	39±3aA	1.23±0.05bB	6.2±0.6aA	143±9aA	25±5aA
	HD2	8.3±0.5abA	0.7±0.01bA	0.25±0.01bA	3.3±0.2bA	36.5±1.4bA	5.9±0.8aA	187±14aA	8.4±0.01bA	159±7bB	36±1abA	1.32±0.01abB	4.0±0.1bB	97±6bA	13±3bA
	LD1	7.9±1.0bA	0.7±0.05bA	0.25±0.02bA	3.7±0.1aA	38.0±5.4bA	5.3±0.1aA	184±22aA	8.6±0.02aB	145±2bA	31±2bAB	1.37±0.05aAB	4.3±0.3bA	38±11bA	6±2bA
	LD2	7.8±0.4bA	0.7±0.03bB	0.24±0.01bB	3.7±0.1aA	34.4±5.5bB	7.9±1.5aA	200±19aA	8.6±0.02aB	153±11bA	34±1abB	1.30±0.03abB	4.0±0.5bAB	96±12bA	12±2bA
FB	HD1	11.8±0.9aA	0.9±0.06aA	0.31±0.04aA	3.7±0.2abA	51.6±5.8aA	8.6±0.4aA	263±39aA	8.3±0.04cB	251±47aA	38±1aA	1.21±0.02aB	6.2±0.9aA	126±57aA	18±8 aA
	HD2	8.7±0.8bA	0.7±0.05bA	0.26±0.01bA	3.4±0.1bA	36.0±4.1bA	5.8±0.2bA	197±7bA	8.4±0.01bA	166±7abA	38±3aA	1.24±0.05aB	4.8±0.1aA	99±8aA	19±7aA
	LD1	8.5±0.3bA	0.7±0.06bA	0.26±0.01bA	3.7±0.2abA	30.9±4.9bA	5.6±0.2bA	157±15bA	8.6±0.03aB	144±5bA	36±1aA	1.28±0.05aB	5.2±0.7aA	79±14aA	10±5aA
	LD2	10.2±0.8abA	0.8±0.03abA	0.28±0.01abA	3.8±0.1aA	48.2±1.0abA	8.7±1.6abA	231±21abA	8.5±0.02aC	200±28abA	39±1aA	1.21±0.02abA	5.6±0.3aA	128±23aA	23±7aA

注：不同小写字母代表同一处理中不同作物间差异显著，不同大写字母代表同一作物的不同处理间差异显著（P<0.05）

表 5-5 土壤指标与作物产量指标之间的皮尔逊相关性指数

	BD	WHC	pH	EC	TOC	TN	TP	TK	AN	NN	AP	AK	MBC	MBN	YI	HW
BD	1	-0.974**	0.419*	-0.646**	-0.773**	-0.764**	-0.780**	-0.381*	-0.346*	0.447**	-0.774**	-0.776**	-0.591**	-0.493**	-0.419*	-0.277
WHC		1	-0.444**	0.656**	0.741**	0.717**	0.743**	0.314	0.307	-0.428*	0.747**	0.761**	0.559**	0.522**	0.400*	0.332*
pH			1	-0.687**	-0.521**	-0.551**	-0.528**	-0.043	-0.152	0.015	-0.495**	-0.493**	-0.498**	-0.360*	-0.656**	-0.718**
EC				1	0.769**	0.732**	0.738**	0.313	0.252	-0.154	0.756**	0.757**	0.673**	0.456**	0.395*	0.294
TOC					1	0.964**	0.978**	0.388*	0.233	-0.448**	0.947**	0.931**	0.690**	0.492**	0.527**	0.263
TN						1	0.971**	0.401*	0.324	-0.448**	0.931**	0.903**	0.738**	0.521**	0.523**	0.277
TP							1	0.402*	0.251	-0.508**	0.977**	0.955**	0.669**	0.480**	0.516**	0.294
TK								1	0.472**	-0.284	0.448**	0.440**	0.187	0.161	0.019	-0.215
AN									1	-0.198	0.300	0.280	0.340*	0.301	0.097	-0.001
NN										1	-0.538**	-0.432*	-0.134	-0.152	-0.098	-0.065
AP											1	0.971**	0.660**	0.501**	0.434**	0.263
AK												1	0.649**	0.490**	0.456**	0.285
MBC													1	0.780**	0.361*	0.313
MBN														1	0.278	0.263
YI															1	0.628**
HW																1

注: YI 表示公顷产量, HW 表示百粒重; *表示因子之间显著相关 (P<0.05), **表示因子之间极显著相关 (P<0.01)

结果表明，作物产量指标与土壤理化性质有显著相关关系。四种受试作物的产量与土壤总有机碳、总氮和总磷含量均显著相关，呈现幂函数或线性相关关系（表 5-6）。由此可以看出，生物炭和有机肥施加后对土壤中植物性营养成分的影响最强，由此促进了作物产量的显著提高。此外，"大红袍"（HD2）和"绿丰 1 号"（LD2）产量与土壤容重、田间持水量呈幂函数关系；"小绿王"（LD1）和"绿丰 1 号"（LD2）的产量与土壤 pH 和电导率呈显著的线性相关关系，各受试作物产量与土壤铵态氮、硝态氮、总钾含量和微生物量氮含量相关性均不显著，而这些指标在不同处理之间差异也未达显著水平。可见，与产量相关性显著的因子可能也是改良剂施加后产生显著变化的因子，表明生物炭和有机肥联合施加后通过改善土壤物理结构，增加土壤田间持水量，改善土壤养分含量，调节 pH 而间接促进作物增产。对当地偏碱性土壤来说，pH 是影响作物产量的重要限制因子，改良剂施加后一定程度上降低了土壤 pH，缓解了土壤碱胁迫，从而促进作物（两种绿豆品种）增产。

从各处理土壤养分和理化指标数据来看，改良剂的施加有效增加了土壤总有机碳、总氮、总磷、速效磷、速效钾、电导率、田间持水量、微生物量氮，降低了土壤容重和土壤 pH。但是不同作物处理中，表现出一定差异。四种作物的土壤总有机碳、总氮、总磷由高到低均依次为 FB>FA>CK，FA、FB 处理的数值均显著高于对照（$P<0.05$），其中，LD2 中的 FB 处理土壤总有机碳、总氮、总磷显著高于 FA 处理和对照（$P<0.05$）。土壤总钾除 LD1 中 FA 和 FB 处理显著高于对照外，其余三种作物的各处理间无显著差异。土壤速效磷质量分数除 LD2 为 FB>FA>CK 外，其余三种作物均为 FA>FB>CK，而且，FA 和 FB 处理的土壤速效磷质量分数均显著高于对照（$P<0.05$）。改良剂施加后对土壤硝态氮和铵态氮含量的影响不显著，除 LD1 的 FB 处理铵态氮显著高于对照外，其他作物的各处理之间无显著差异。HD1 的对照硝态氮显著高于 FA 处理。除 LD1 外，土壤速效钾质量分数由高到低依次为 FB>FA>CK，而且 FA 和 FB 处理显著高于对照（$P<0.05$）。除"大红袍"种植区土壤 pH 各处理之间无显著差异外，其他三种作物的 FA 和 FB 处理的 pH 均显著低于对照。四种作物的 FA 和 FB 处理的土壤电导率和田间持水量均显著高于对照，除"小绿王"的 FA 处理与对照无显著差异外，其他各作物的 FA 和 FB 处理土壤容重均显著低于对照。除"小绿王"土壤微生物量碳、微生物量氮与对照无显著差异外，其余作物 FA、FB 处理根围土壤的微生物量碳和微生物量氮均显著高于对照（$P<0.05$）。

表 5-6　土壤理化指标与作物产量之间的回归方程及显著性检验

作物品种	土壤理化指标	回归方程	R^2	P
HD1	TOC	$y=0.938x^{0.545}$	0.666	<0.01
	TN	$y=3.894x^{0.831}$	0.642	<0.01
	TP	$y=10.001x^{0.888}$	0.636	<0.01
HD2	BD	$y=12.015x^{-4.930}$	0.681	<0.01
	WHC	$y=0.0001x^{2.866}$	0.688	<0.01
	TOC	$y=0.233x^{1.312}$	0.878	<0.001
	TN	$y=8.531x^{2.251}$	0.840	<0.001
	TP	$y=59.718x^{2.002}$	0.888	<0.001
	WC	$y=0.062x^{2.751}$	0.817	<0.01
LD1	pH	$y=-7.597x+67.237$	0.454	<0.05
	EC	$y=0.031x-2.195$	0.784	<0.01
	TOC	$y=0.282x^{0.998}$	0.785	<0.01
	TN	$y=3.826x^{1.378}$	0.697	<0.01
	TP	$y=19.598x^{1.522}$	0.801	<0.01
	AP	$y=0.652x^{0.365}$	0.847	<0.001
LD2	BD	$y=6.020x^{-2.856}$	0.743	<0.01
	WHC	$y=0.004x^{1.873}$	0.800	<0.01
	pH	$y=-8.855x+78.664$	0.822	<0.01
	EC	$y=0.017x+0.162$	0.819	<0.01
	TOC	$y=0.261x+0.960$	0.914	<0.001
	TN	$y=4.233x^{0.890}$	0.812	<0.01
	TP	$y=0.887x+10.750$	0.886	<0.001

注：x 表示土壤理化指标，y 表示作物产量

　　生物炭能够促进苗期作物的生长，增加作物叶片和主根的生物量，其对作物的促产作用还随时间的延长而表现出一定的累加效应（Yamato et al., 2006）。总体上看，生物炭对豆科作物的影响效应较强，而且在砂土中施加后的促产效果优于其他类型土壤（Liu et al., 2013）。生物炭和有机肥联合施加对提高作物养分利用率、增强碳吸收、提高作物产量效果更佳（Lehmann et al., 1999）。Schulz 等（2013）发现砂土中施加肥基生物炭后显著促进了燕麦植株的生长。从本实验的结果来看，生物炭和有机肥联合施加使作物各生长期生物量均得到明显提升，特别

是在作物生长旺盛期，随着对土壤养分需求量的增加，改良剂施加显著增加了作物植株各器官的生物量。到收获期效应有所减弱，可能是由于改良剂施加后首先促进作物植株的生长以及物质的积累，到作物开花后生物量的增长速度减慢，进而转化为花和种子的积累上，从而对作物产量产生作用。高浓度生物炭和有机肥联合施加对作物的生物量和产量的作用较显著，低浓度生物炭和有机肥的联合施加也能显著增加作物的产量和生殖分配，其对作物种子百粒重增效更强。

在不同作物类群中，一次繁殖周期中所同化的资源用于繁殖的比例差异很大，生殖分配（reproduction allocation，RA）是指作物在生长发育过程中，同化产物向其生殖器官分配的比例，即分配到生殖器官中的有机物数量，控制着作物生殖与生存的平衡。作物生殖分配是环境因子与自身生物学特性综合作用的结果，受诸多环境因子的影响。目前来看，生殖分配是一种选择效应，对一个特定的种来说，单独个体的生殖分配主要取决于种的生物学特征，即使生长条件不同，个体的总生物量有大小，其生殖分配往往也是稳定的。国内外对草本植物生殖分配的研究较多，多是针对自然环境下植物或是濒危植物生殖分配的研究，对栽培植物生殖分配的研究也不少，但人为干扰环境（如农业环境等）下的植物生殖分配研究鲜有报道（郭伟等，2010）。农作物的生殖分配一般大于 25%，上限可达 40%以上（杨继等，1997）。外界因子影响植物的生殖分配，王俊锋等（2007）研究表明，主效元素氮和钾的施用量增加，羊草生殖分配显著增加，而磷对其影响不显著；在施肥时间上，早期施肥可以显著提高羊草单穗籽实的重量。本实验结果表明受试作物的生殖分配有一定差异，其中以两个红小豆品种与两个绿豆品种之间差异显著，而同一物种的不同品系之间的生殖分配差异不显著。施加改良剂后，显著增加了作物的生殖分配，进而促进作物增产。

5.4.5 作物花期开花动态比较

四种作物不同处理花期的始花时间及单株花数统计数据见表 5-7，由表可知，FA 和 FB 处理 HD1 的始花期分别比对照提前 0.4d 和 0.7d，但各处理之间的差异不显著；三个处理从始花期到峰值期时间分别为（14.9±2.13）d、（14.0±3.19）d和（14.2±2.90）d，各处理之间差异均不显著；FA 和 FB 处理 HD1 开花峰值期较对照早 1.3d 和 1.4d，各处理之间差异均不显著；单株花数由高到低依次为FB>FA>CK，而且三个处理之间的差异均达到显著水平（$P<0.05$），不同改良剂施加处理对 HD1 的单株花数影响显著。

FB 处理 HD2 与对照的始花期基本相同，FA 处理的始花期较对照晚 1.2d，但差异未达到显著水平，三个处理作物从始花期到峰值期时间分别为（12.0±1.83）d、（13.8±1.92）d 和（14.2±1.30）d，各处理之间差异均不显著；FA 和 FB 处理 HD2 开花峰值期较对照晚 3.0d 和 2.0d，FA 处理与对照差异显著（$P<0.05$）。单株花数由高到低依次为 FB>FA>CK，FB 处理与对照差异显著。

FA 和 FB 处理 LD1 的始花期分别比对照提前 6.0d 和 8.7d，三个处理之间差异显著；FA 和 FB 处理 LD1 的开花峰值期分别比对照提前 2.2d 和 4.9d，FB 处理与对照差异显著（$P<0.05$）；三个处理从始化到峰值期延续时间分别为（10.2±1.83）d、（14.0±3.09）d 和（14.0±1.82）d，FA 和 FB 处理与对照差异均达到显著水平（$P<0.05$）；单株花数由高到低依次为 FB>FA>CK，而且 FB 处理与对照之间的差异显著（$P<0.05$）。

FA 和 FB 处理 LD2 的始花期分别比对照提前 10.6d 和 9.9d，FA 和 FB 处理与对照差异均达到显著水平（$P<0.05$）；FA 和 FB 处理 LD2 的始花期分别比对照提前 10.6d 和 9.9d，FA 和 FB 处理与对照差异均达到显著水平（$P<0.05$）；三个处理从始花期到峰值期延续时间分别为（10.1±4.14）d、（16.9±2.29）d 和（16.5±2.48）d，FA 和 FB 处理与对照差异均达到显著水平（$P<0.05$）；单株花数由高到低依次为 FB>FA>CK，而且 FB 处理与对照之间的差异显著（$P<0.05$）。

表 5-7　不同处理各作物花期及花数

作物	处理	始花期/d	峰值期/d	单株花数/朵
HD1	CK	46.1±1.01a	61±2.49a	31.6±7.71c
	FA	45.7±0.67a	59.7±3.19a	34.5±4.96b
	FB	45.4±1.07a	59.6±2.46a	48.6±10.51a
HD2	CK	64.8±0.55a	76.8±1.79b	35.3±17.94b
	FA	66.0±1.87a	79.8±1.09a	40.1±5.14ab
	FB	64.6±0.54a	78.8±1.48ab	49.0±15.03a
LD1	CK	57.3±2.71a	67.5±2.99a	38.0±16.3b
	FA	51.3±3.09b	65.3±0.95ab	57.9±29.2ab
	FB	48.6±1.71c	62.6±2.79b	71.0±37.4a
LD2	CK	58.7±4.11a	68.8±0.90a	35.8±22.54b
	FA	48.1±2.13b	65.0±1.30a	52.4±16.37ab
	FB	48.8±2.25b	65.3±1.97a	76.4±44.81a

注：不同小写字母表示同一作物不同处理间差异显著（$P<0.05$）

　　四种作物不同处理开花数动态见图 5-4，由图可以看出，除 HD2 的 FA 处理始花期稍迟于 CK 外，其他作物的 FA 和 FB 处理的始花期以及峰值期均早于 CK，而且除 LD2 外，整体上开花趋势以 FB 处理最优，增幅较大，而且峰值高于其他两个处理，其次为 FA 处理，CK 的花期相对较短。由此反映出，改良剂施加使受试作物的始花期有所提前，花期延长，利于作物的结实和种子的成熟。

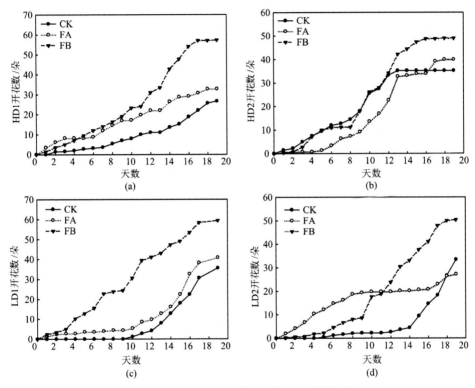

图 5-4　各处理作物花期开花数动态观测数据

5.4.6　作物叶片生理参数的比较

　　各处理不同位置叶片的叶绿素荧光参数见表 5-8～表 5-10。由表可见，不同位置叶片的 F_o、F_m、F_v 和 F_v/F_m 值均有较显著差异。

　　1）初始荧光 F_o

　　初始荧光 F_o 是暗适应下 PSⅡ 反应中心全部开放时的荧光水平。F_o 的减少表明天线色素的热耗散增加，而增加则表明 PSⅡ 反应中心遭到不易逆转的破坏。

表 5-8　不同处理作物花期叶片叶绿素初始荧光 F_o 均值的比较

部位	处理	HD1	HD2	LD1	LD2
倒 2 叶	CK	184.7±4.60a	244.1±2.73b	120.4±9.37b	138.8±11.37b
	FA	174.4±2.46b	244.0±2.45b	110.9±3.58b	105.5±7.21c
	FB	151.7±3.13c	253.2±0.99a	146.2±0.51a	186.1±1.49a
倒 3 叶	CK	141.2±2.62c	210.8±13.07c	156.8±1.03a	147.4±1.35b
	FA	170.5±0.74a	297.4±2.71a	110.4±4.27b	114.3±8.41c
	FB	157.4±1.46b	269.0±2.54b	152.8±0.90a	164.6±1.32a
倒 4 叶	CK	201.0±0.65b	206.3±0.79c	138.6±2.26c	123.4±2.99b
	FA	205.5±1.89a	285.6±4.68a	209.8±1.38a	152.1±9.76a
	FB	203.1±0.97ab	230.9±1.37b	178.4±8.46b	141.4±11.28ab
倒 5 叶	CK	216.7±2.87b	215.9±5.49b	162.9±2.69b	190.4±14.90a
	FA	204.4±1.67c	265.8±1.48a	109.9±12.49c	114.5±5.12b
	FB	231.1±2.74a	219.4±8.14b	208.1±8.90a	196.7±16.52a
倒 6 叶	CK	192.9±2.75b	93.6±4.60c	143.5±10.04b	167.7±7.61b
	FA	243.0±7.30a	335.0±7.92a	171.7±0.82a	139.9±1.03c
	FB	167.4±0.58c	240.7±1.78b	165.6±13.07ab	202.6±6.18a

注：不同小写字母表示同一位置不同处理作物叶片之间差异显著（$P<0.05$）

由表 5-8 可见，HD1 的 CK 处理倒 2 叶～倒 6 叶的 F_o 呈现先降后升又降的趋势，而 FA 处理呈现波动升高的趋势。从不同处理来看，CK 处理倒 2 叶的 F_o 显著高于 FA 和 FB 处理，FA 和 FB 处理倒 3 叶和倒 4 叶的 F_o 显著高于对照。而 FB 处理倒 5 叶的 F_o 显著高于 CK 和 FA 处理。

HD2 的 CK 处理倒 2 叶～倒 6 叶的 F_o 呈现降升降的波动趋势，FA 和 FB 处理的 F_o 呈现升降升的趋势。从不同处理来看，CK 处理的 F_o 均为最低，五个叶片均显著低于 FA 和 FB 处理，除 FB 处理的倒 2 叶 F_o 显著高于其他两个处理外，其他叶片均为 FA 处理的 F_o 最高，显著高于对照和 FB 处理。

LD1 的 CK 处理各叶片 F_o 由下至上呈现升降升降的波动变化趋势，最大值出现在倒 5 叶，FA 处理呈现降升降升的趋势，最大值出现在倒 4 叶，而 FB 处理由下至上呈现先升后降的趋势，最大值出现在倒 5 叶。从不同处理来看，FB 处理倒 2 叶和倒 5 叶的 F_o 较高，倒 3 叶以 CK 的 F_o 为最高，倒 4 叶和倒 6 叶的 F_o 以 FA 处理为最高，整体上看，F_o 的变化规律性不明显。

LD2 的 CK 处理各叶片 F_o 由下至上呈现升降升降的波动变化趋势，最大值出现在倒 5 叶，FA 处理呈现升降升趋势，最大值出现在倒 4 叶，而 FB 处理由下至上呈现先降后升的趋势，最大值出现在倒 6 叶。从不同处理来看，除倒 4 叶的 F_o 以 FA 处理为最高外，其他处理的 F_o 最大值均出现在 FB 处理。其中倒 2 叶、倒 5 叶和倒 6 叶与对照差异显著。

2）最大荧光 F_m

F_m 是暗适应下 PSⅡ 反应中心处于完全关闭时的荧光产量，可反映通过 PSⅡ 的电子传递情况，F_m 的降低可以作为光抑制的一个特征（Demmig，1987）。由表 5-9 可知，HD1 的 CK 处理的各叶片 F_m 由下至上呈现先降后升再降的趋势，FB 处理各叶片 F_m 由下至上呈现降升降的趋势。从不同处理来看，CK 处理倒 2 叶的 F_m 显著高于 FA 和 FB 处理，FA 处理倒 3 叶和倒 6 叶的 F_m 显著高于其他处理，FB 处理的倒 4 叶和倒 5 叶 F_m 值显著高于其他两个处理。

表 5-9 不同处理作物花期叶片叶绿素最大荧光 F_m 均值的比较

部位	处理	HD1	HD2	LD1	LD2
倒 2 叶	CK	1075.8±8.64a	1160.8±5.68c	698.3±51.84a	815.7±62.08b
	FA	942.7±19.25b	1360.4±11.11a	685.0±18.19a	762.0±49.31b
	FB	929.7±6.04c	1331.2±4.31b	743.5±1.57a	1227.4±4.39a
倒 3 叶	CK	922.7±16.76a	1222.8±26.38b	800.9±1.57a	961.1±1.83b
	FA	935.8±3.21a	1220.7±2.62b	613.9±20.67b	748.7±50.68c
	FB	861.4±1.33b	1502.7±3.83a	993.0±2.60a	1181.6±3.33a
倒 4 叶	CK	1102.5±0.79c	1174.5±2.63c	616.0±12.69b	785.5±14.76a
	FA	1206.3±1.84b	1290.9±5.36a	1021.9±7.34a	783.7±45.86a
	FB	1234.2±4.95a	1260.5±3.00b	978.3±45.37a	794.4±62.37a
倒 5 叶	CK	1118.6±12.37b	952.8±19.58c	990.6±14.28b	809.5±57.32b
	FA	985.8±5.69c	1326.0±8.49a	620.8±66.96c	683.9±28.37b
	FB	1301.3±20.79a	1184.9±40.58b	1142.6±43.33a	1169.2±91.53a
倒 6 叶	CK	802.0±10.85c	380.8±11.47c	751.7±61.36b	890.0±34.88b
	FA	1236.5±36.24a	1568.1±34.91a	1087.3±7.86a	789.3±27.21b
	FB	909.6±1.15b	1242.6±5.29b	955.6±70.00a	1154.9±60.17a

注：不同小写字母表示同一位置不同处理的叶片之间差异显著（$P<0.05$）

HD2 的 CK 处理各叶片 F_m 由下至上呈现先升后降的趋势，FA 处理呈现先降后升的趋势，而 FB 处理呈现升降升的波动趋势。从不同处理来看，除 FB 处理的倒 3 叶 F_m 值显著高于对照和 FA 处理外，其他叶片的 F_m 均以 FA 处理最高，均显著高于 CK 和 FB 处理。

LD1 的 CK 处理叶片 F_m 由下至上呈现升降升降的波动变化趋势，从不同处理来看，倒 2 叶的 F_m 处理间差异不显著，其他 4 个叶片的 F_m 值均为施加改良剂的处理显著高于不加改良剂的对照。其中，倒 3 叶和倒 5 叶的 F_m 值以 FB 处理为最高，倒 4 叶和倒 6 叶的 F_m 值以 FA 处理为最高。

LD2 的 CK 处理叶片 F_m 由下至上呈现升降升的波动变化趋势。从不同处理来看，各处理的 F_m 最大值均出现在 FB 处理，除倒 4 叶各处理 F_m 之间无显著差异外，其他叶片的 F_m 均为 FB 处理显著高于 FA 处理和对照。

3）PS II 最大光能转化效率 F_v/F_m

PS II 最大光能转化效率 F_v/F_m 的变化是研究最广泛的光抑制指标，它是与植物暗适应状态有关的一个重要参数，可用来检测光抑制。对许多绿色高等植物种而言，在未受胁迫的条件下该值近似为 0.832±0.004，受到胁迫后该值明显下降。

由表 5-10 可知，HD1 不同叶片的最大光能转化效率不同，CK 处理靠近基部的叶片最大量子产量较高，由下至上整体呈现先升后降的趋势，FA 处理叶片最大光能转化效率在倒 3 叶达到最高，而 FB 处理由下至上呈现降升降的趋势。从不同处理来看，除 CK 处理的倒 3 叶的最大光能转化效率显著高于其他处理外，其

表 5-10　不同处理叶片最大光能转化效率 F_v/F_m 均值的比较

部位	处理	HD1	HD2	LD1	LD2
倒 2 叶	CK	0.8283±0.0049b	0.7897±0.0022c	0.8286±0.0022b	0.8308±0.0024c
	FA	0.8149±0.0041c	0.8206±0.0018a	0.8382±0.0021a	0.8618±0.0009a
	FB	0.8368±0.0029a	0.8098±0.0009b	0.8033±0.0009c	0.8483±0.0016b
倒 3 叶	CK	0.8469±0.0015a	0.8291±0.0079a	0.8042±0.0011c	0.8466±0.0013b
	FA	0.8178±0.0010b	0.7563±0.0025b	0.8204±0.0013b	0.8478±0.0013b
	FB	0.8173±0.0018b	0.8210±0.0019a	0.8461±0.0012a	0.8607±0.0013a
倒 4 叶	CK	0.8177±0.0006c	0.8243±0.0006a	0.7747±0.0027c	0.8430±0.0011a
	FA	0.8296±0.0017b	0.7788±0.0031b	0.7947±0.0008b	0.8065±0.0022c
	FB	0.8354±0.0012a	0.8168±0.0014a	0.8177±0.0010a	0.8222±0.0008b
倒 5 叶	CK	0.8063±0.0007b	0.7736±0.0023c	0.8356±0.0012a	0.7658±0.0019b
	FA	0.7927±0.0010c	0.7995±0.0006b	0.8240±0.0019b	0.8327±0.0012a
	FB	0.8223±0.0011a	0.8150±0.0013a	0.8182±0.0014c	0.8324±0.0013a
倒 6 叶	CK	0.7594±0.0017c	0.7554±0.0048c	0.8054±0.0063b	0.8116±0.0050b
	FA	0.8035±0.0005b	0.7864±0.0008b	0.8420±0.0016a	0.8212±0.0052ab
	FB	0.8159±0.0007a	0.8063±0.0009a	0.8275±0.0020a	0.8224±0.0054a

注：不同小写字母表示同一位置的不同处理叶片之间差异显著（$P<0.05$）

他位置叶片的最大光能转化效率均以 FB 处理为最高,与 CK 和 FA 处理差异显著。

HD2 不同叶片的最大光能转化效率不同,CK 的最大光能转化效率呈现先升后降的趋势,最大值出现在倒 3 叶,FA 处理叶片最大光能转化效率呈现降升降的趋势,而 FB 处理由下至上呈现先升后降的趋势,最大值出现在倒 3 叶。从不同处理来看,倒 2 叶的最大光能转化效率以 FA 处理显著高于其他处理,倒 3 叶和倒 4 叶的最大光能转化效率以 CK 为最高,显著高于 FA 处理,但与 FB 处理差异不显著。而在倒 5 叶和倒 6 叶最大光能转化效率的最大值均出现在 FB 处理,显著高于其他两个处理。

LD1 不同叶片的最大光能转化效率不同,CK 的最大光能转化效率呈现降升降的波动变化趋势,最大值出现在倒 5 叶,FA 处理叶片最大光能转化效率呈现先降后升的趋势,最大值出现在倒 6 叶,而 FB 处理由下至上呈现先升后降的趋势,最大值出现在倒 3 叶。从不同处理来看,倒 2 叶和倒 6 叶的最大光能转化效率以 FA 处理显著高于其他处理,倒 5 叶的最大光能转化效率以 CK 为最高,显著高于其他两个处理。而在倒 3 叶和倒 4 叶最大光能转化效率的最大值均出现在 FB 处理,显著高于其他两个处理。

LD2 不同叶片的最大光能转化效率不同,CK 的最大光能转化效率呈现升降升的波动变化趋势,最大值出现在倒 3 叶,FA 处理叶片最大光能转化效率呈现降升降的趋势,最大值出现在倒 2 叶,而 FB 处理由下至上呈现升降升降的波动变化趋势,最大值出现在倒 3 叶。从不同处理来看,除倒 4 叶的最大光能转化效率以 CK 显著高于其他处理外,其他位置叶片均为施加改良剂的处理高于 CK。其中,倒 2 叶和倒 5 叶最大光能转化效率以 FA 处理为最高,显著高于 CK,倒 3 叶和倒 6 叶的最大光能转化效率以 FB 处理为最高,显著高于 CK。

CK 处理仅在位置较接近的根部叶片 F_m 和 F_v 以及最大光能转化效率较高,而随着叶片位置的升高,改良剂施加后的作用显现,FA 和 FB 处理作物叶片 F_m 和 F_v 以及最大光能转化效率高于 CK,其中以 FB 处理的作用最明显。

4)Y(Ⅱ)的日变化

各叶片的 Y(Ⅱ)值随时间变化曲线见图 5-5,由图可以看出,四种作物各处理的 Y(Ⅱ)值昼间呈现“V”字形变化趋势。最小值出现在 13:00 左右,且均显著小于 5:00 和 17:00 的数值,表明在自然光强度较高时,作物叶片光合作用暂时受到抑制。不同处理间存在显著差异,在 13:00 时 HD1 各处理作物叶片 Y(Ⅱ)值以 FB 处理最高,其次为 FA 处理和 CK,FB 和 FA 处理作物叶片的 Y(Ⅱ)值分别比对照高 2.79% 和 2.13%。由此可以看出,改良剂施加后可以在一定程度上减缓红小豆叶片受到的光抑制，提高光能转化效率。在 13：00 时 HD2 各处理作物叶片的 Y（Ⅱ）值以 FB 处理最高，其次为 CK，FA 处理最低。FB 处理作物叶片的 Y（Ⅱ）值比对照高 0.87%，差异不显著。

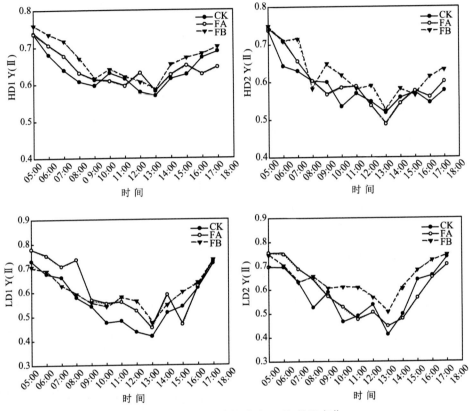

图 5-5　不同处理作物叶片 Y(Ⅱ)的日变化

　　在 13：00 时 LD1 各处理作物叶片 Y（Ⅱ）值以 FB 处理最高，其次为 FA 处理和 CK，FB 和 FA 处理的 Y（Ⅱ）值分别比 CK 高 13.11% 和 8.29%。13：00 时 LD2 各处理作物叶片 Y（Ⅱ）值以 FB 处理最高，其次为 FA 处理和 CK，FB 和 FA 处理作物叶片 Y（Ⅱ）值分别比 CK 高 22.67% 和 8.44%，由此可以看出，改良剂施加后可以在一定程度上减缓绿豆叶片受到的光抑制，提高光能转化效率。

　　5）PAR 与 ETR 拟合关系

　　各处理所监测叶片的 PAR 与 ETR 的观测值呈极显著相关关系，二者的拟合曲线见图 5-6。根据五个叶片的 PAR 和 ETR 监测值建立拟合方程（表 5-11），由拟合方程可以看出，四种作物处理的叶片 PAR 与 ETR 之间均呈现极显著的幂函数关系，四种作物处理的拟合方程中系数 *b* 值由低到高依次为 FB < FA < CK。表明随着 PAR 的增加，FB 处理和 FA 处理叶片的相对电子传递速率 rETR（光合作用速率）增加速度快于对照，即施加改良剂后作物的叶片光合作用速率有所增强。

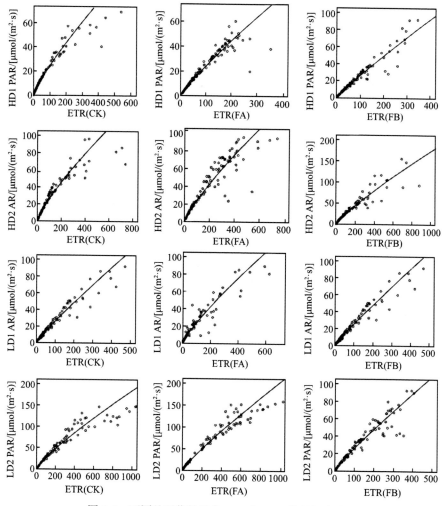

图 5-6　不同处理作物叶片 ETR 与 PAR 值的拟合曲线

表 5-11　不同处理作物叶片 ETR 与 PAR 值的拟合方程及显著性检验

作物	处理	样本数	拟合方程	R^2	P
	CK	100	$y=0.502x^{0.842}$	0.981	<0.001
HD1	FA	100	$y=0.440x^{0.871}$	0.973	<0.001
	FB	100	$y=0.412x^{0.904}$	0.980	<0.001

续表

作物	处理	样本数	拟合方程	R^2	P
	CK	100	$y=0.630x^{0.806}$	0.966	<0.001
HD2	FA	100	$y=0.535x^{0.825}$	0.945	<0.001
	FB	100	$y=0.523x^{0.840}$	0.973	<0.001
	CK	100	$y=0.637x^{0.784}$	0.942	<0.001
LD1	FA	100	$y=0.494x^{0.840}$	0.942	<0.001
	FB	100	$y=0.366x^{0.920}$	0.982	<0.001
	CK	100	$y=0.565x^{0.840}$	0.975	<0.001
LD2	FA	100	$y=0.454x^{0.883}$	0.991	<0.001
	FB	100	$y=0.416x^{0.895}$	0.975	<0.001

注：x 表示 ETR 值，y 表示 PAR 值

5.4.7　生物炭和有机肥对作物生长和产量的影响机制

生物炭和有机肥对作物产量的作用机制与其原料、生产条件、受试作物品种、土壤类型及环境条件等均有关系。Lehmann 等（1999）在总结全球各地开展的相关研究时发现，当生物炭施用量（按纯碳计算）在 50t/hm^2 以下时，对作物产量的作用基本都是正向的。产生正向效应的原因一方面是生物炭具有丰富的微孔结构和巨大的比表面积，施入土壤后利于微生物的生存繁衍，增加土壤中有益菌群数量，为作物根系提供良好的生长环境；另一方面，生物炭的施加有助于改善土壤理化性状，如调节土壤 pH、降低土壤容重、增加土壤孔隙度和持水性等，并能提高土壤有效养分含量，从而促进作物生长。此外，生物炭本身含有一定数量氮、磷、钾等作物生长必需元素及一些微量元素，能增加土壤中可交换性阳离子的数量，在一定程度上减少活性铝等有毒元素的影响，为作物生长发育提供良好的元素供应源；生物炭与其他肥料配合使用时，可减少肥料养分淋失，提高利用效率，促进增产。

生物炭和有机肥联合施加可以增加土壤氮、磷和钾等作物可利用性养分及有机碳，是影响作物产量的因素之一。由于具有生物固氮作用，豆科作物生长的主要限制因子是磷，生物炭和有机肥联合施加，可以通过减少淋失而增加作物可利用性磷的含量，促进产量提高（Killham and Firestone，1984）。生物炭和有机肥联合施加，土壤中速效磷质量分数极显著增加，表明有机改良剂的矿化作用可作为缓慢释放的磷库（Wang et al.，2012）。有机肥可促进豆科作物的生物固氮作用

（Agegnehu et al.，2015a），而且生物炭也被证实可以促进豆科作物根瘤菌的结瘤（Xu et al.，2015）。有机质可作物土壤微生物的生长基质，加快养分周转，使其更易被植物吸收利用（Heydari and Pessarakli，2010）。生物炭可有效增加土壤总有机碳含量，有机肥的施加可提高有机质的质量，改善土壤性状。施加生物炭和有机肥后土壤总有机碳含量增效显著，进而对作物产量产生影响（Sukartono et al.，2011）。生物炭和有机肥联合施加显著增加了土壤总有机碳的含量，促进了作物生长和产量提高，可见改良剂施加后土壤肥力的增加是促进作物增产的主要原因（Agegnehu et al.，2015a）。

　　生物炭和有机肥联合施加提高了土壤持水能力，改善了土壤结构，是影响作物产量的另一因素。沙化土壤持水量低，结构性状差，生物炭和有机肥联合施加可以有效增加土壤田间持水量和团聚体稳定性，降低土壤容重，进而增加了土壤水分和养分的植物可利用性（Piccolo et al.，2010）。研究表明，有机改良剂施加后土壤田间持水量增加（Mbagwu，1989），改良剂的效果与土壤类型以及分解阶段有关系，Tryon（1948）发现生物炭的施加仅对沙化土壤的水分利用率的提高作用显著。单施有机改良剂需要较大施用量才能产生较明显的效果，生物炭和有机肥在较低施加水平即可有效增加土壤田间持水量（Rose，2003）。腐殖酸可以有效增加土壤团聚体稳定性，增加总孔隙度和水分入渗率，进而降低土壤容重。含碳材料提取的腐殖酸改善土壤物理性状的机制可能是由于腐殖酸功能团促进了有机矿质化合物的形成（Mbagwu，1989）。疏水性的芳香烃成分降低了水分向团聚体孔隙中的入渗，提高了土壤团聚体稳定性及水分利用率（Glaser et al.，2002）。土壤水分条件的改善，利于作物根系对水分和养分元素的吸收及根系扩展，促进作物生长。

　　作物产量的增加，不仅由于生物炭和有机肥向土壤中直接输入营养物质，而且也与其改变了土壤细菌-真菌群落结构，对土壤微生物群落的建成及运转过程产生促进作用有关（Watzinger et al.，2014）。有机肥施加后向土壤中输入一些菌群，加之生物炭特殊的理化性质及其引起的理化性质的变化，能改变土壤微生物活性和组成（Lehmann et al.，2011），生物炭的孔隙可为微生物提供理想的栖息场所，利于土壤中特定菌群的增加，丰富了土壤微生物群落（Doan et al.，2014）。改良剂施加后细菌多样性显著增加，真菌多样性增加不显著，表明微生物群落受细菌的主导影响（Pascault et al.，2013）。作物产量与土壤细菌多样性指数呈现显著相关性，表明改良剂施加后通过土壤细菌多样性水平的增加，提高了作物可利用性养分的含量，进而增加了作物产量。土壤真菌多样性虽然对作物产量没有直接影响，但一些能与作物共生的种群可以增加作物的粒重，改善作物品质（Sackston，1950）。

生物炭和有机肥联合施加通过提高土壤养分元素含量，改善土壤理化性质，促进土壤细菌多样性的增加，丰富土壤微生物组成，加速了养分元素的矿化作用，为作物根系提供良好的生长环境，而作物根系扩展后会反作用于土壤，有助于土壤理化性质的改善和微生物的增殖，进而促进作物产量的提高。

生物炭良好的物理化学性质及其对养分的调控作用，施入土壤后能显著促进种子萌发、植株生长、根的伸长及生物量的提高，提高作物产量。生物炭对作物生物量和产量的促进作用随时间延长表现出一定的累加效应（Major et al.，2010）。亚马孙"黑土"中磷、钙、锰和锌等元素含量比其附近土壤高很多，其花生和水稻的产量比邻近的黄色铁铝土高38%～42%（Lehmann et al.，2003）。生物炭施入土壤后对作物生长发育和产量影响的相关研究很多（Zhang A F et al.，2010；刘世杰和窦森，2009；Glaser et al.，2002）。生物炭的施加量大多在30t/hm^{2}以下，生物炭对产量的提高量平均值约为11%，作物类型不同，对生物炭的响应也有很大差异。不同的实验条件结果差异也很大，室内盆栽实验的效果要优于野外大田实验；酸性土壤的效果优于中性土壤；砂质土壤的效果要优于壤土和黏土。另外，从野外大田实验的结果看，生物炭对旱田作物产量的影响高于水稻（Liu et al.，2013）。

研究表明，与单独施加生物炭或有机肥相比，二者的联合施加在对提高作物的养分利用率及作物产量上均产生正面效应（Asai et al.，2009）。生物炭和有机肥联合施加，可以减少有机肥中的氮、磷及其他养分元素的淋失（Ohsowski，2015），促进有机质的分解和腐殖质化过程，提高有机肥的品质（Jindo et al.，2012a），进而有效促进作物生物量的积累以及产量的增加。与单独施加生物炭或有机肥相比，二者的联合施加更有利于提高作物的养分利用率（尤芳芳等，2016）、碳素和磷素的吸收（Nur et al.，2014；Glaser et al.，2002），增加作物生物量和产量（Schulz and Glaser，2012；Chan et al.，2007）。因此，生物炭与富含氮的有机肥联合施加可作为半干旱环境下对作物产量有潜在作用的改良剂（Yeboah et al.，2016）。Bass 和 Bird（2016）发现生物炭和有机肥联合施加虽然降低了香蕉的产量，但对土壤性状有明显改善。生物炭和有机肥对作物生长及产量的效应与土壤类型、生物炭的制备条件、有机肥的来源以及施加量有关，因此二者在不同类型土壤中的联合效应及其机制还有待进一步研究。而且关于生物炭和有机肥联合施加对不同作物品种的生长以及产量性状的影响及其机制的研究仍处在探索阶段。

参 考 文 献

陈温福，张伟明，孟军. 2013. 农用生物炭研究进展与前景[J]. 中国农业科学，46(16)：3324-3333.

陈义群，董元华. 2008. 土壤改良剂的研究与应用进展[J]. 生态环境，17(3)：1282-1289.

代银分，李永梅，李丽，等. 2016. 秸秆生物炭对施猪粪有机肥土壤磷流失及白菜产量的影响[J]. 山西农业大学学报，36(11)：793-797.

高战武，许清涛，黄翠. 2012. 吉林省西部生态环境问题分析与对策[J]. 白城师范学院学报，(5)：64-67.

勾芒芒. 2015. 生物炭节水保肥机理及作物水炭肥耦合效应研究[D]. 呼和浩特：内蒙古农业大学.

郭伟，邓巍，燕雪飞，等. 2010. 植物生殖分配影响因素的研究进展[J]. 东北农业大学学报，41(9)：150-156.

季静. 2012. 简论赤峰市土地沙化形成的原因及其治理[J]. 赤峰学院学报(自然科学版)，(2)：91-93.

江琳琳. 2016. 生物炭对土壤微生物多样性和群落结构的影响[D]. 沈阳：沈阳农业大学.

刘惠清，许嘉巍. 2004. 吉林省西部土地沙化动态变化[J]. 地理研究，(2)：249-256.

刘世杰，窦森. 2009. 黑碳对玉米生长和土壤养分吸收与淋失的影响[J]. 水土保持学报，23(1)：79-82.

马凤荣，陈正，霍新江，等. 2011. 大庆市土地沙化现状及治理对策[J]. 黑龙江八一农垦大学学报，18(4)：76-80.

蒙嘉文，左林，蔡应君，等. 2013. 若尔盖县土地沙化现状分析及治理对策研究[J]. 四川林业科技，(8)：42-46.

彭辉辉，刘强，荣湘民，等. 2016. 生物炭、有机肥与化肥配施对春玉米光合特性的影响[J]. 江苏农业科学，44(7)：132-135.

孙航，蒋煜峰，石磊平，等. 2016. 不同热解及来源生物炭对西北黄土吸附敌草隆的影响[J]. 环境科学，(12)：1-13.

王举光. 2013. 吉林省西部地区土地利用问题与对策分析[J]. 科技资讯，(34)：213-214.

王俊锋，高嵩，王东升，等. 2007. 施肥对羊草叶面积与穗部数量性状关系的影响[J]. 吉林师范大学学报(自然科学版)，28(1)：34-38.

王跃邦，李秋梅，代全厚. 2000. 吉林省西部荒漠化成因及其防治对策[J]. 中国水土保持，(7)：16-18.

文娜，杨波涛. 2007. 腐植酸肥料对土壤的改良作用及其测定方法[J]. 新疆化工，(4)：15-19.

吴照祥, 郝志鹏, 陈永亮, 等. 2015. 三七根腐病株根际土壤真菌群落组成与碳源利用特征研究[J]. 菌物学报, 34(1): 65-74.

杨继, 郭友好, 杨雄, 等. 1997. 植物生物学[M]. 北京: 高等教育出版社.

尤芳芳, 赵铭钦, 陈发元, 等. 2016. 生物炭与不同肥料配施对镉胁迫下烟株生长的影响[J]. 浙江农业学报, 28(3): 489-495.

张晗芝, 黄云, 刘钢, 等. 2010. 生物炭对玉米苗期生长、养分吸收及土壤化学性状的影响[J]. 生态环境学报, 19(11): 2713-2717.

张红文, 张彦峰, 张闻. 2013. 生物炭与环境[M]. 北京: 化学工业出版社: 85-101.

张娜, 李佳, 刘学欢, 等. 2014. 生物炭对夏玉米生长和产量的影响[J]. 农业环境科学学报, 33(8): 1569-1574.

张如梅. 2011. 浅谈我国土地沙化现状成因及治理对策[J]. 科技向导, (23): 226-227.

张薇, 宋玉芳, 孙铁珩, 等. 2004. 土壤线虫对环境污染的指示作用[J]. 应用生态学报, (10): 1973-1978.

张一, 许林书, 李铁成, 等. 1990. 吉林省中西部沙地林草田复合生态系统建设的研究[J]. 生物学杂志, (3): 27-31.

左玉辉. 2010. 环境学[M]. 2版. 北京: 高等教育出版社.

Abiven S, Menasseri S, Chenu C. 2009. The effects of organic inputs over time on soil aggregate stability—a literature analysis[J]. Soil Biology and Biochemistry, 41 (1): 1-12.

Abbott L K, Robson A D. 1984. The effect of root density, inoculum placement and infectivity of inoculum on the development of vesicular-arbuscular mycorrhizas[J]. New Phytologist, 97: 285-289.

Accardi-Dey A M, Gschwend P M. 2002. Assessing the combined roles of natural organic matter and black carbon as sorbents in sediments[J]. Environmental Science and Technology, 36(1): 21-29.

Agegnehu G, Bass A M, Nelson P N, et al. 2015a. Biochar and biochar-compost as soil amendments: effects on peanut yield, soil properties and greenhouse gas emissions in tropical North Queensland, Australia[J]. Agriculture, Ecosystems and Environment, 213: 72-85.

Agegnehu G, Bird M I, Nelson P N, et al. 2015b. The ameliorating effects of biochar and compost on soil quality and plant growth on a Ferralsol[J]. Soil Research, 53 (1): 1-12.

Aguilar C A, Powell J R, Anderson I C, et al. 2014. Ecological understanding of root-infecting fungi using trait-based approaches[J]. Trends in Plant Science, 19 (7): 432-438.

Ahmad Z, Yamamoto S, Honna T. 2008. Leachability and phytoavailability of nitrogen, phosphorus, and potassium from different bio-composts under chloride- and sulfate-dominated irrigation water[J]. Journal of Environtal Quality, 37(3): 1288-1298.

Akhter A, Hage-Ahmed K, Soja G, et al. 2015. Compost and biochar alter mycorrhization, tomato root exudation and development of *fusarium oxysporum* f. sp. *lycopersici*[J]. Frontiera in Plant Science, (6): 529.

Albiach R, Canet R, Pomares F, et al. 2001. Organic matter components and aggregate stability after the application of different amendments to a horticultural soil[J]. Bioresource Technology, 76(2): 125-129.

Alguacil M M, Torrecillas E, Caravaca F, et al. 2011. The application of an organic amendment modifies the arbuscular mycorrhizal fungal communities colonizing native seedlings grown in a heavy-metal-polluted soil[J]. Soil Biology and Biochemistry, 43 (7): 1498-1508.

Alluvione F, Bertora C, Zavattaro L, et al. 2010. Nitrous oxide and carbon dioxide emissions following green manure and compost fertilization in corn[J]. Soil Science Society of America Journal, 74 (2): 384-395.

Angelini J, Castro S, Fabra A. 2003. Alterations in root colonization and nodC gene induction in the peanut–rhizobia interaction under acidic conditions[J]. Plant Physiology and Biochemistry, 41 (3): 289-294.

Angst T E, Six J, Reay D S, et al. 2014. Impact of pine chip biochar on trace green-house gas emissions and soil nutrient dynamics in an annual ryegrass system in California[J]. Agriculture Ecosystems and Environment, 191: 17-26.

Anna W, Andrew C, Alison D M, et al. 2002. Mechanisms of interaction between *Kalmia angustifolia*, cover and *Picea mariana*, seedlings[J]. Canadian Journal of Forest Research, 32 (11): 2022-2031.

Annabi M, Houot S, Francou C, et al. 2007. Soil aggregate stability improvement with urban composts of different maturities[J]. Soil Science Society of America Journal, 71 (2): 413-423.

Asai H, Samson B K, Stephan H M, et al. 2009. Biochar amendment techniques for upland rice production in Northern Laos: 1. Soil physical properties, leaf SPAD and grain yield[J]. Field Crops Research, 111 (1-2): 81-84.

Awasthi M K, Li J, Kumar S, et al. 2017. Effects of biochar amendment on bacterial and fungal diversity for co-composting of gelatin industry sludge mixed with organic fraction of municipal solid waste[J]. Bioresource Technology, 246: 214-223.

Badr EL-Din S M S, Attia M, Abo-Sedera S A. 2000. Field assessment of composts produced by highly effective cellulolytic microorganisms[J]. Biology and Fertility of Soils, 32 (1): 35-40.

Bais H P, Weir T L, Perry L G, et al. 2006. The role of root exudates in rhizosphere interactions with plants and other organisms[J]. Annual Review of Plant Biology, 57 (1): 233.

Barto E K, Alt F, Oelmann Y, et al. 2010. Contributions of biotic and abiotic factors to soil aggregation across a land use gradient[J]. Soil Biology and Biochemistry, 42 (12): 2316-2324.

Bass A, Bird M. 2016. Soil properties, greenhouse gas emissions and crop yield under compost, biochar and co-composted biochar in two tropical agronomic systems[J]. Science of the Total Environment, 550: 459-470.

Beck J. 2012. Integrating compost, cover crops, mycorrhizal fungi, and vermicompost as sustainable management practices for strawberry production in the Southeastern United States[D]. Raleigh: North Carolina State University.

Beesley L, Dickinson N. 2011. Carbon and trace element fluxes in the pore water of an urban soil following greenwaste compost, woody and biochar amendments, inoculated with the earthworm Lumbricus terrestris[J]. Soil Biology and Biochemistry, 43 (1): 188-196.

Beesley L, Eduardo Moreno-Jiménez, Gomez-Eyles J L. 2010. Effects of biochar and greenwaste compost amendments on mobility, bioavailability and toxicity of inorganic and organic contaminants in a multi-element polluted soil[J]. Environmental Pollution, 158 (6): 2282-2287.

Beesley L, Marmiroli M. 2011. The immobilisation and retention of soluble arsenic, cadmium and zinc by biochar[J]. Environmental Pollution, 159(2): 474-480.

Beesley L, Moreno-Jiménez E, Gomez-Eyles J L, et al. 2011. A review of biochars'potential role in the remediation, revegetation and restoration of contaminated soils[J]. Environmental Pollution, 159(12): 3269-3282.

Bellamy P H, Loveland P J, Bradley R I, et al. 2005. Carbon losses from all soils across England and Wales 1978–2003[J]. Nature , 437(7056): 245-248.

Boehm H P. 1994. Some aspects of the surface chemistry of carbon blacks and other carbons[J]. Carbon, 32(5): 759-769.

Bonanomi G, Antignani V, Capodilupo M, et al. 2010. Identifying the characteristics of organic soil amendments that suppress soilborne plant diseases[J]. Soil Biology and Biochemistry, 42 (2): 136-144.

Boyer S, Wratten S D. 2010. The potential of earthworms to restore ecosystem services after opencast mining — a review[J]. Basic and Applied Ecology, 11(3): 196-203.

Bradley K, Drijber R A, Knops J. 2006. Increased N availability in grassland soils modifies their microbial communities and decreases the abundance of arbuscular mycorrhizal fungi[J]. Soil Biology and Biochemistry, 38 (7): 1583-1595.

Brändli R C, Hartnik T, Henriksen T, et al. 2008. Sorption of native polyaromatic hydrocarbons (PAH) to black carbon and amended activated carbon in soil[J]. Chemosphere , 73(11): 1805-1810.

Breazeale J F. 1906. Effect of certain solids upon the growth of seedlings in water cultures[J]. Botanical Gazette, 41(1): 54-63.

Bridle T R, Pritchard D. 2004. Energy and nutrient recovery from sewage sludge via pyrolysis[J]. Water Science and Technology, 50(9): 169-175.

Busscher W J, Novak J M, Evans D E, et al. 2010. Influence of pecan biochar on physical properties of a Norfolk loamy sand[J]. Soil Science, 175 (1): 11-14.

Cao X, Harris W. 2010. Properties of dairy-manure-derived biochar pertinent to its potential use in remediation[J]. Bioresource Technology, 101(14): 5222-5228.

Cao X, Ma L, Gao B, et al. 2009. Dairy-manure derived biochar effectively sorbs lead and atrazine[J]. Environmental Science and Technology, 43(9): 3285-3291.

Cao Y, Ma Y, Guo D, et al. 2017. Chemical properties and microbial responses to biochar and compost amendments in the soil under continuous watermelon crop- ping[J]. Plant, Soil and Environment, 63 (1): 1-7.

Caravaca F, Barea J M, Figueroa D, et al. 2002. Assessing the effectiveness of mycorrhizal inoculation and soil compost addition for enhancing reafforestation with *Olea europaea* subsp. *sylvestris* through changes in soil biological and physical parameters[J]. Applied Soil Ecology, 20(2): 107-118.

Caravaca F, Figueroa D, Azcón-Aguilar C, et al. 2003. Medium-term effects of mycorrhizal inoculation and composted municipal waste addition on the establishment of two Mediterranean shrub species under semiarid field conditions[J]. Agriculture Ecosystems and Environment, 97(1/3): 95-105.

Carter M R , Sanderson J B , Macleod J A. 2004. Influence of compost on the physical properties and organic matter fractions of a fine sandy loam throughout the cycle of a potato rotation[J]. Canadian Journal of Soil Science, 84(2): 211-218.

Celik I, Ortas I, Kilic S. 2004. Effects of compost, mycorrhiza, manure and fertilizer on some physical properties of a Chromoxerert soil[J]. Soil and Tillage Research, 78(1): 59-67.

Clemente R, Escolar A, Bernal M P. 2006. Heavy metals fractionation and organic matter mineralisation in contaminated calcareous soil amended with organic materials[J]. Bioresource Technology, 97(15): 1894-1901.

Chan K Y, Van Z L, Meszaros I, et al. 2007. Agronomic values of green waste bochar as a soil amendment[J]. Australian Journal of Soil Research, 45 (8): 629-634.

Chan K Y, Van Z L, Meszaros I, et al. 2008. Using poultry litter biochars as soil amendments[J]. Soil Research, 46 (5): 437-444.

Chan K Y, Xu Z. 2009. Biochar: nutrient properties and their enhancement//Lehmann J, Joseph S. Biochar for Environmental Management: Science and Technology[M]. London: Earthscan: 67-84.

Che Y, Gloer J, Koster B, et al. 2002. Decipinin A and decipienolides A and B: new bioactive metabolites from the coprophilous fungus *posospora decipiens*[J]. Journal of Natural Products, 65 (6): 916-919.

Chen B, Zhou D, Zhu L. 2008. Transitional ddsorption and partition of nonpolar and polar aromatic contaminants by biochars of pine needles with different pyrolytic temperatures[J]. Environmental Science and Technology, 42(14): 5137-5143.

Chen B L, Chen Z M, Lv S F. 2011. A novel magnetic biochar efficiently sorbs organic pollutants and phosphate[J]. Bioresource Technology, 102(2): 716-723.

Chen J, Liu X, Zheng J, et al. 2013. Biochar soil amendment increased bacterial but decreased fungal gene abundance with shifts in community structure in a slightly acid rice paddy from Southwest China[J]. Applied Soil Ecology, 71: 33-44.

Chintala R, Mollinedo J, Schumacher T E, et al. 2013. Effect of biochar on chemical properties of acidic soil[J]. Archives of Agronomy and Soil Science, 60 (3): 393-404.

Cho Y M, Ghosh U, Kennedy A J, et al. 2009. Field application of activated carbon amendment for in-aitu stabilization of polychlorinated biphenyls in marine sediment[J]. Environmental Science and Technology, 43(10): 3815-3823.

Chowdhury M A, De Neergaard A, Jensen L S. 2014. Potential of aeration flow rate and bio-char addition to reduce greenhouse gas and ammonia emissions during manure composting[J]. Chemosphere, 97(1): 16-25.

Chun Y, Sheng G, Chiou C T, et al. 2004. Compositions and sorptive properties of crop residue-derived chars[J]. Environmental Science and Technology, 38(17): 4649-4655.

Cornelissen G, Gustafsson O. 2005. Importance of unburned coal carbon, black carbon, and amorphous organic carbon to phenanthrene sorption in sediments[J]. Environmental Science and Technology, 39(3): 764-769.

Cornelissen G, Gustafsson O, Bucheli T D, et al. 2005. Extensive sorption of organic compounds to black carbon, coal, and kerogen in sediments and soils: mechanisms and consequences for distribution, bioaccumulation, and biodegradation[J]. Environmental Science and Technology,

39(18): 6881-6895.

Dalal R C, Gibson I R, Menzies N W. 2009. Nitrous oxide emission from feedlot manure and green waste compost applied to Vertisols[J]. Biology and Fertility of Soils, 45(8): 809-819.

Darwish K M. 2008. Micro-morphological changes of sandy soils through the application of compost manure[J]. Journal of Applied Biological Sciences, 2 (3): 95-98.

David J M H, Richard W B. 2015. Biochar and compost increase crop yields but the effect is short term on sandplain soils of Western Australia[J]. Pedosphere, 25(5): 720-728.

Deluca T H, Mackenzie M D, Gundale M J, et al. 2006. Wildfire-produced charcoal directly influences Nitrogen cycling in Ponderosa pine forests[J]. Soil Science Society of America Journal, 70(2): 448-453.

Demirbas A. 2004. Determination of calorific values of bio-chars and pyro-oils from pyrolysis of beech trunkbarks[J]. Journal of Analytical and Applied Pyrolysis, 72(2): 215-219.

Demmig B. 1987. Comparison of the effect of excessive light on chlorophyll fluorescence (77K) and photon yield of O_2 evolution in leaves of higher plants[J]. Planta, 171(2): 171-187.

Dempster D, Gleeson D, Solaiman Z, et al. 2011. Decreased soil microbial biomass and nitrogen mineralisation with Eucalyptus biochar addition to a coarse textured soil[J]. Plant and Soil, 354 (1/2): 311-324.

Dharmakeerthi R S, Hanley K, Whitman T, et al. 2015. Organic carbon dynamics in soils with pyrogenic organic matter that received plant residue additions over seven years[J]. Soil Biology and Biochemistry, 88: 268-274.

Diacono M, Montemurro F. 2010. Long-term effects of organic amendments on soil fertility. A review[J]. Agronomy for Sustainable Development, 30 (2): 401-422.

Dias B O , Silva C A , Higashikawa F S, et al. 2010. Use of biochar as bulking agent for the composting of poultry manure: effect on organic matter degradation and humification[J]. Bioresource Technology, 101(4): 1239-1246.

Diánez F, Santos M, Tello J C. 2005. Suppression of soilborne pathogens by compost: suppressive effects of grape marc compost on phytopathogenic oomycetes[J]. Acta Horticulturae, 697(49): 441-460.

Ding J, Jiang X, Guan D, et al. 2017. Influence of inorganic fertilizer and organic manure application on fungal communities in a long-term field experiment of Chinese Mollisols[J]. Applied Soil Ecology, 111: 114-122.

Doan T T, Bouvier C, Bettarel Y, et al. 2014. Influence of buffalo manure, compost, vermicompost and biochar amendments on bacterial and viral communities in soil and adjacent aquatic systems[J]. Applied Soil Ecology, 73 (2): 78-86.

Dugan E, Verhoef A, Robinson J, et al. 2010. Bio-char from sawdust, maize stover and charcoal: impact on water holding capacities (WHC) of three soils from Ghana[C]. Brisbane: 19th World Congress of Soil Science.

Durenkamp M, Luo Y, Brookes P C. 2010. Impact of black carbon addition to soil on the determination of soil microbial biomass by fumigation extraction[J]. Soil Biology and Biochemistry, 42(11): 2026-2029.

Edwards I P, Zak D R, Kellner H, et al. 2011. Simulated atmospheric N deposition alters fungal community composition and suppresses ligninolytic gene expression in a northern hardwood forest[J]. PLoS One, (6): 20421.

Evanylo G, Sherony C, Spargo J, et al. 2008 Soil and water environmental effects of fertilizer-, manure-, and compost-based fertility practices in an organic vegetable cropping system[J]. Agriculture Ecosystems and Environment, 127 (1): 50-58.

Fagervold S K, Chai Y, Davis J W, et al. 2010. Bioaccumulation of polychlorinated dibenzo-p-dioxins/dibenzofurans in E. fetida from floodplain soils and the effect of activated carbon amendment[J]. Environmental Science and Technology, 44 (14): 5546-5552.

Fellet G, Marchiol L, Delle Vedove G, et al. 2011. Application of biochar on mine tailings: effects and perspectives for land reclamation[J]. Chemosphere, (83): 1262-1297.

Fierer N, Ladau J, Clemente J C, et al. 2013. Reconstructing the microbial diversity and function of pre-agricultural tallgrass prairie soils in the United States[J]. Science, 342 (6158): 621.

Fischer D, Glaser B. 2012. Synergisms between compost and biochar for sustainable soil amelioration//Kumar S, Bharti A. Management of Organic Waste[M]. New York: Intech Open.

Fravel D R. 1988. Role of antibiosis in the biocontrol of plant diseases[J]. Annual Review of Phytopathology, 26 (1): 75-91.

Gabrielle B, Da-Silveira J, Houot S, et al. 2005. Field-scale modelling of carbon and nitrogen dynamics in soils amended with urban waste composts[J]. Agriculture Ecosystems and Environment, 110 (3/4): 289-299.

Gaskin J W, Steiner C, Harris K, et al. 2008. Effect of low-temperature pyrolysis conditions on biochar for agricultural use[J]. Transactions of the Asabe, 51 (6): 2061-2069.

Gaunt J L , Lehmann J. 2008. Energy balance and emissions associated with biochar sequestration and pyrolysis bioenergy production[J]. Environmental Science and Technology, 2 (11): 4152-4158.

Gaur A, Adholeya A. 2000. Effects of the particle size of soil-less substrates upon AM fungus inoculum production[J]. Mycorrhiza, 10 (1): 43-48.

Gell K, Groenigen J W V, Cayuela M L. 2011. Residues of bioenergy production chains as soil amendments: immediate and temporal phytotoxicity[J]. Journal of Hazardous Materials, 186 (2/3): 2017-2025.

Ghosh U, Zimmerman J R , Luthy R G. 2003. PCB and PAH speciation among particle types in contaminated harbor sediments and effects on PAH bioavailability[J]. Environmental Science and Technology, 37 (10): 2209-2217.

Glaser B. 2007. Prehistorically modified soils of central Amazonia: a model for sustainable agriculture in the twenty-first century[J]. Philosophical Transactions of the Royal Society of London, 362 (1478): 187-196.

Glaser B, Balashov E, Haumaier L, et al. 2000. Black carbon in density fractions of anthropogenic soils of the Brazilian Amazon region[J]. Organic Geochemistry, 31 (7): 669-678.

Glaser B, Birk J J. 2012. State of the scientific knowledge on properties and genesis of Anthropogenic Dark Earths in Central Amazonia (terra preta de Índio) [J]. Geochimica Et Cosmochimica Acta,

82: 39-51.

Glaser B, Haumaier L, Guggenberger G , et al. 2001. The "Terra Preta" phenomenon: a model for sustainable agriculture in the humid tropics[J]. Naturwissenschaften, 88 (1): 37-41.

Glaser B, Lehmann J, Zech W. 2002. Ameliorating physical and chemical properties of highly weathered soils in the tropics with charcoal-a review[J]. Biology and Fertility of Soils, 35 (4): 219-230.

Goldberg E D. 1985. Black Carbon in the Environment: Properties and Distribution[M]. New York: John Wiely: 38-41.

Gomez-Eyles J L, Sizmur T, Collins C D, et al. 2011. Effects of biochar and the earthworm *Eisenia fetida* on the bioavailability of polycyclic aromatic hydrocarbons and potentially toxic elements[J]. Environmental Pollution, 159 (2): 616-622.

Graber E R, Harel Y M, Kolton M, et al. 2010. Biochar impact on development and productivity of pepper and tomato grown in fertigated soilless media[J]. Plant Soil, 337 (1/2) : 481-496.

Grossman J M, O'Neill B E, Tsai S M, et al. 2010. Amazonian anthrosols support similar microbial communities that differ distinctly from those extant in adjacent, unmodified soils of the same mineralogy[J]. Microbial Ecology, 60 (1): 192-205.

Haefele S M, Konboon Y, Wongboon W, et al. 2011. Effects and fate of biochar from rice residues in rice-based systems[J]. Field Crops Research, 121 (3): 430-440.

Hannah L, Carr J L, Lankerani A. 1995. Human disturbance and natural habitat: a biome level analysis of a global data set[J]. Biodiversity and Conservation, 4 (2): 128-155.

Hargreaves J C, Adl M S, Warman P R. 2008. A review of the use of composted municipal solid waste in agriculture[J]. Agriculture Ecosystems and Environment, 123 (1): 1-14.

Harris J A. 2003. Measurements of the soil microbial community for estimating the success of restoration[J]. European Journal of Soil Science, 54 (4): 801-808.

Hartley W, Dickinson N M, Riby P, et al. 2009. Arsenic mobility in brownfield soils amended with green waste compost or biochar and planted with Miscanthus[J]. Environmental Pollution, 157 (10): 2654-2662.

Hartmann M, Frey B, Mayer J, et al. 2015. Distinct soil microbial diversity under long-term organic and conventional farming[J]. Isme Journal, 9 (5): 1177-1194.

Harvey A E, Jurgensen M F, Larsen M J. 1976. Seasonal distribution of ectomycorrhizae in a mature douglas-fir/larch forest soil in Western Montana[J]. Forest Science, 24 (22): 393-398.

Harvey A E, Larsen M J, Jurgensen M F. 1979. Comparative distribution of ectomycorrhizae in soils of three western Montana forest habitat types[J]. Forest Science, 25 (2): 350-358.

He J Z, Zheng Y, Chen C R, et al. 2008. Microbial composition and diversity of an upland red soil under long-term fertilization treatments as revealed by culture-dependent and culture- independent approaches[J]. Journal of Soils and Sediments, 8 (5): 349-358.

Herrmann S O R, Buscot F. 2004. Manipulation of the onset of ectomycorrhiza formation by indole-3- acetic acid, activated charcoal or relative humidity in the association[J]. Journal of Plant Physiology, 161 (5): 509-517.

Heydari A, Pessarakli M. 2010. A review on biological control of fungal plant pathogens using microbial antagonists[J]. Journal of Biological Sciences, 10(4): 9-15.

Hilber I, Wyss G S, Mader P. 2009. Influence of activated charcoal amendment to contaminated soil on Dieldrin and nutrient uptake by cucumbers[J]. Environmental Pollution, 157(8/9): 2224-2230.

Hildebrandt U, Ouziad F, Marner F J, et al. 2006. The bacterium *Paenibacillus validus* stimulates growth of the arbuscular mycorrhizal fungus Glomus intraradices up to the formation of fertile spores[J]. Fems Microbiology Letters, 254(2): 258-267.

Hossain M K, Strezov V, Chan K Y, et al. 2010. Nelsona agronomic properties of wastewater sludge biochar and bioavailability of metals in production of cherry tomato (*Lycopersicon Esculentum*) [J]. Chemosphere, 78(9): 1167-1171.

Howell C R, Stipanovic R D, Lumsden R D. 1993. Antibiotic production by strains of Gliocladium virens and its relation to the biocontrol of cotton seedling diseases[J]. Biocontrol Science and Technology, 3(4): 435-441.

Hua L, Wu W, Liu Y, et al. 2009. Reduction of nitrogen loss and Cu and Zn mobility during sludge composting with bamboo charcoal amendment[J]. Environmental Science and Pollution Research, 16(1): 1-9.

Huber K, Wüst P, Rhode M, et al. 2014. Aridibacter famidurans gen. nov., sp. nov. and Aridibacter kavangonensis sp. nov., two novel members of subdivision 4 of the Acidobacteria isolated from semiarid savannah soil[J]. International Journal of Systematic and Evolutionary Microbiology, 64: 1866-1875.

Hudson B D. 1994. Soil organic matter and available water capacity[J]. Journal of Soil and Water Conservation, 49(2): 189-194.

Ippolito J A, Laird D A, Busscher W J. 2012. Environmental benefits of biochar[J]. Journal of Environmental Quality, 41 (4): 967-972.

Ippolito J A, Stromberger M E, Lentz R D, et al. 2016. Hardwood biochar and manure co-application to a calcareous soil[J]. Chemosphere, 142: 84-91.

Ishii T, Kadoya K. 1994. Effects of charcoal as a soil conditioner on citrus growth and vesicular-arbuscular mycorrhizal development[J]. Journal of the Japanese Society for Horticultural Science, 63(3): 529-535.

Jastrow J D. 1996. Soil aggregate formation and the accrual of particulate and mineral-associated organic matter[J]. Soil Biology and Biochemistry, 28(4/5): 665-676.

Jeffery S, Verheijen F, Velde M, et al. 2011. A quantitative review of the effects of biochar application to soils on crop productivity using meta-analysis[J]. Agriculture Ecosystems and Environment, 144(1): 175-187.

Jiang X J, Li H, Xie D Y, et al. 2007. Application and prospect of fractal theory in study on soil fertility[J]. Soils, 39(5): 667-683.

Jindo K, Sánchez-Monedero M, Hernández T, et al. 2012b. Biochar influences the microbial community structure during manure composting with agricultural wastes[J]. Science of the Total Environment, 416 (2): 476-481.

Jindo K, Suto K, Matsumoto K, et al. 2012a. Chemical and biochemical characterisation of biochar-blended composts prepared from poultry manure[J]. Bioresource Technology, 110:

396-404.

Jones D, Murphy D, Khalid M, et al. 2011.Short-term biochar induced increase in soil CO_2 release is both biotically and abiotically mediated[J]. Soil Biology and Biochemistry, 43 (8): 1723-1731.

Jonker M T O, Koelmans A A. 2002. Sorption of polycyclic aromatic hydrocarbons and polychlorinated biphenyls to soot and soot-like materials in the aqueous environment: Mechanistic considerations[J]. Environmental Science and Technology, 36(17): 3725-3734.

Joseph S D, Campsarbestain M, Lin Y, et al. 2010. An investigation into the reactions of biochar in soil[J]. Australian Journal of Soil Research, 48(7): 501-515.

Kammann C I, Linsel S, Gößling J W, et al. 2011. Influence of biochar on drought tolerance of *Chenopodium quinoa* Willd and on soil-plant relations[J]. Plant and Soil, 345(1/2): 195-210.

Karami N, Clemente R, Moreno-Jiménez E, et al. 2011. Efficiency of green waste compost and biochar soil amendments for reducing lead and copper mobility and uptake to ryegrass[J]. Journal of Hazardous Materials, 191(1/3): 41-48.

Kawamoto K, Ishimaru K, Imamura Y. 2005. Reactivity of wood charcoal with ozone [J]. Journal of Wood Science, 51(1): 66-72.

Keech O, Carcaillet C, Nilsson M C. 2005. Adsorption of allelopathic compounds by wood-derived charcoal: the role of wood porosity[J]. Plant and Soil, 272 (1/2): 291-300.

Kilduff J E, Wigton A. 1999. Sorption of TCE by humic-preloaded activated carbon: incorporating size-exclusion and pore blockage phenomena in a competitive adsorption model[J]. Environmental Science and Technology, 33(2): 250-256.

Killham K. 1985. A physiological determination of the impact of environmental stress on the activity of microbial biomass[J]. Environmental Pollution, 38 (3): 283-294.

Killham K, Firestone M K. 1984. Salt stress control of intracellular solutes in streptomycetes indigenous to saline soils[J]. Applied and Environmental Microbiology, 47(2): 301-306.

Kim J S, Sparovek G, Longo R M, et al. 2007. Bacterial diversity of terra preta and pristine forest soil from the Western Amazon[J]. Soil Biology and Biochemistry, 39 (2): 684-690.

Kimetu J M, Lehmann J. 2010. Stability and stabilisation of biochar and green manure in soil with different organic carbon contents[J]. Australian Journal of Soil Research, 48(7): 577-585.

Kishimoto S, Sugiura G. 1985. Charcoal as a soil conditioner[C]. Pretoria: Symposium on Forest Product Research.

Klironomos J N, Kendrick W B. 1996. Palatability of microfungi to soil arthropods in relation to the functioning of arbuscular mycorrhizae[J]. Biology and Fertility of Soils, 21 (1/2): 43-52.

Kolb S E, Fermanich K J, Dornbush M E. 2009. Effect of charcoal quantity on microbial biomass and activity in temperate soils[J]. Soil Science Society of America Journal, 73(4): 1173.

Kong A Y Y, Six J, Bryant D C, et al. 2005.The Relationship between carbon input, aggregation, and soil organic carbon stabilization in sustainable cropping systems[J]. Soil Science Society of America Journal, 69 (4): 1078-1085.

Kookana R. 2010. The role of biochar in modifying the environmental fate, bioavailability, and efficacy of pesticides in soils: a review[J]. Australian Journal of Soil Research, 48(7): 627.

Kumar S, Jain M C, Chhonkar P K. 1987. A note on stimulation of biogas production from cattle dung by addition of charcoal[J]. Biological Wastes, 20(3): 209-215.

Kuzyakov Y, Subbotina I, Chen H, et al. 2009. Black carbon decomposition and incorporation into soil microbial biomass estimated by ^{14}C labeling[J]. Soil Biology and Biochemistry, 41(2): 210-219.

Kyselková M, Moënne-Loccoz Y. 2012. Pseudomonas and Other Microbes in Disease- Suppressive Soils[M]. Berlin: Springer Netherlands: 93-140.

Laird D, Fleming P, Wang B Q, et al. 2010. Biochar impact on nutrient leaching from a Midwestern agricultural soil[J]. Geoderma, 158(3/4): 436-442.

Lang J, Hu J, Ran W, et al. 2012. Control of cotton Verticillium wilt and fungal diversity of rhizosphere soils by bio-organic fertilizer[J]. Biology and Fertility of Soils, 48(2): 191-203.

Lau J A, Puliafico K P, Kopshever J A, et al. 2008. Inference of allelopathy is complicated by effects of activated carbon on plant growth[J]. New Phytologist, 178(2): 412-423.

Lecroy C, Masiello C A, Rudgers J A, et al. 2013. Nitrogen, biochar, and mycorrhizae: alteration of the symbiosis and oxidation of the char surface[J]. Soil Biology and Biochemistry, 58: 248-254.

Lee J W, Hawkins B, Li X, et al. 2013. Advanced Biofuels and Bioproducts[M]. New York: Springer Science Business Media: 57-68.

Lehmann J. 2007. A handful of carbon[J]. Nature, 447 (7141): 143-144.

Lehmann J, Czimczik C, Laird D, et al. 2009. Biochar for Environmental Management: Science and Technology[M]. London: Earthscan: 183-205.

Lehmann J, Gaunt J, Rondon M. 2006. Bio-char sequestration in terrestrial ecosystems—a review[J]. Mitigation and Adaptation Strategies for Global Change, 11(2): 395-419.

Lehmann J, Rillig M C, Thies J, et al. 2011. Biochar effects on soil biota—a review[J]. Soil Biology and Biochemistry, 43 (9): 1812-1836.

Lehmann J, Silva J P D, Steiner C, et al. 2003. Nutrient availability and leaching in an archaeological Anthrosol and a Ferralsol of the Central Amazon basin: fertilizer, manure and charcoal amendments[J].Plant and Soil, 249(2): 343-357.

Lehmann J, Weigl D, Peter I, et al. 1999. Nutrient interactions of alley-cropped Sorghum bicolor and Acacia saligna in a run off irrigation system in Northern Kenya. Plant and Soil, 210(2): 249-262.

Lenc L, Kwaśna H, Sadowski C. 2011. Dynamics of the root soil pathogens and antagonists in organic and integrated production of potato[J]. European Journal of Plant Pathology, 131(4): 603-620.

Liang B, Lehmann J, Sohi S P, et al. 2010. Black carbon affects the cycling of non-black carbon in soil. Org Geochem[J]. Organic Geochemistry, 41 (2): 206-213.

Liang B, Lehmann J, Solomon D, et al. 2006. Black carbon increases cation exchange capacity in soils[J]. Soil Science Society of America Journal, 70(5): 1719.

Liesch A, Weyers S, Gaskin J, et al. 2010. Impact of two different biochars on earthworm growth and survival[J]. Annals of Environmental Science, (4): 1-9.

Lin X, Feng Y, Zhang H, et al. 2012. Long-term balanced fertilization decreases arbuscular mycorrhizal fungal diversity in an arable soil in north China revealed by 454 pyrosequencing[J]. Environmental Science and Technology, 46(11): 5764-5771.

Lin Y, Munroe P, Joseph S, et al. 2013. Chemical and structural analysis of enhanced biochars:

thermally treated mixtures of biochar, chicken litter, clay and minerals[J]. Chemosphere, 91 (1): 35-40.

Liu J, Sui Y, Yu Z, et al. 2015. Soil carbon content drives the biogeographical distribution of fungal communities in the black soil zone of northeast China[J]. Soil Biology and Biochemistry, 83: 29-39.

Liu X, Zhang A, Ji C, et al. 2013. Biochar's effect on crop productivity and the dependence on experimental conditions—a meta-analysis of literature data[J]. Plant and Soil, 373 (1/2): 583-594.

Liu X H, Zhang X C. 2012. Effect of biochar on pH of alkaline soils in the Loess Plateau results from incubation experiments[J]. International Journal of Agriculture and Biology, 14 (6): 745-750.

Loeuille N. 2010. Influence of evolution on the stability of ecological communities[J]. Ecology Letters, 13 (12): 1536-1545.

Lowe C N, Butt K R. 2007. Earthworm culture, maintenance and species selection in chronic ecotoxicological studies: a critical review[J]. European Journal of Soil Biology, 43 (S1): 281-288.

Lueders T, Kindler R, Miltner A, et al. 2006. Identification of bacterial micropredators distinctively active in a soil microbial food web[J]. Applied and Environmental Microbiology, 72 (8): 5342-5348.

Luo P, Han X, Wang Y, et al. 2015. Influence of long-term fertilization on soil microbial biomass, dehydrogenase activity, and bacterial and fungal community structure in a brown soil of northeast China[J]. Annals of Microbioly, 65 (1): 533-542.

Major J, Rondon M, Molina D, et al. 2010. Maize yield and nutrition during 4 years after biochar application to a Colombian savanna oxisol[J]. Plant and Soil, 333 (1/2): 117-128.

Makoto K, Tamai Y, Kim Y S, et al. 2010. Buried charcoal layer and ectomycorrhizae cooperatively promote the growth of Larix gmelinii seedlings[J]. Plant and Soil, 327 (1/2): 143-152.

Masiello C A. 2004. New directions in black carbon organic geochemistry[J]. Marine Chemistry, 92 (1/4): 201-213.

Matsubara Y, Hasegawa N, Fukui H. 2002. Incidence of fusarium root rot in asparagus seedlings infected with arbuscular mycorrhizal fungus as affected by several soil amendments[J]. Engei Gakkai Zasshi, 71 (3): 370-374.

Matysiak B, Falkowski G. 2010. Response of three ornamental plant species to inoculation with arbuscular mycorrhizal fungi depending on compost addition to peat substrate and the rate of controlled release fertilizer[J]. Journal of Fruit & Ornamental Plant Research,18 (2): 321-333.

Mbagwu J S C. 1989. Effects of organic amendments on some physical properties of a tropical ultisol[J]. Biological Wastes, 28 (1): 1-13.

Mcbride M J, Liu W, Lu X, et al. 2014. The Family Cytophagaceae[M]. Berlin: Springer Berlin Heidelberg.

McLauchlan K. 2006. The nature and longevity of agricultural impacts on soil carbon and nutrients: a review[J]. Ecosystems, 9 (8): 1364-1382.

Mehta C M, Palni U, Franke-Whittle I H, et al. 2014. Compost: its role, mechanism and impact on reducing soil-borne plant diseases[J]. Waste Managment, 34 (3): 607-622.

Mench M, Bussière S, Boisson J, et al. 2003. Progress in remediation and revegetation of the barren

Jales gold mine spoil afterin situtreatments[J]. Plant and Soil, 249(1): 187-202.

Mench M, Lepp N, Bert V, et al. 2010. Successes and limitations of phytotechnologies at field scale: outcomes, assessment and outlook from COST Action 859[J]. Journal of Soils and Sediments, 10(6): 1039-1070.

Mia S, Groenigen J W, Voorde T F, et al. 2014. Biochar application rate affects biological nitrogen fixation in red clover conditional on potassium availability[J]. Agriculture Ecosystems and Environment, 191: 83-91.

Mickan B S, Abbott L K, Stefanova K, et al. 2016. Interactions between biochar and mycorrhizal fungi in a water-stressed agricultural soil[J]. Mycorrhiza, 26(6): 565-574.

Millward R N, Bridges T S, Ghosh U, et al. 2005. Addition of activated carbon to sediments to reduce PCB bioaccumulation by a polychaete (neanthes arenaceodentata) and an amphipod (*Leptocheirus plumulosus*) [J]. Environmental Science and Technology, 39(8): 2880-2887.

Mkhabela M S, Warman P R. 2005. The influence of municipal solid waste compost on yield, soil phosphorus availability and uptake by two vegetable crops grown in a Pugwash sandy loam soil in Nova Scotia[J]. Agriculture Ecosystems & Environment, 106(1): 57-67.

Mueller R C, Belnap J, Kuske C R. 2015. Soil bacterial and fungal community responses to nitrogen addition across soil depth and microhabitat in an arid shrubland[J]. Frontiers in Microbiology, 6 (3): 891.

Mundy R, Macdonald T T, Dougan G, et al. 2005. Citrobacter rodentium of mice and man[J]. Cellular Microbiology, 7(12): 1697-1706.

Murano H, Otani T, Makino T, et al. 2009. Effects of the application of carbonaceous adsorbents on pumpkin (*Cucurbita maxima*) uptake of heptachlor epoxide in soil[J]. Soil Science and Plant Nutrition, (55): 325-332.

Naeini S, Cook H F. 2006. Influence of municipal compost on temperature, water, nutrient status and the yield of maize in a temperate soil[J]. Soil Use and Management, 16(3): 215-221.

Nakamura F, Germano M, Tsai S. 2014. Capacity of aromatic compound degradation by bacteria from Amazon Dark Earth[J]. Diversity, 6(2): 339-353.

Namgay T, Singh B, Singh B P. 2010. Influence of biochar application to soil on the availability of As, Cd, Cu, Pb, and Zn to maize (*Zea mays* L.) [J]. Australian Journal of Soil Research, 48(7): 638.

Neher D A.1999. Soil community composition and ecosystem processes: comparing agricultural ecosystems with natural ecosystems[J]. Agroforestry Systems, 45(1/3): 159-185.

Neklyudov A D, Fedotov G N, Ivankin A N. 2006. Aerobic processing of organic waste into composts[J]. Applied Biochemistry and Microbiology, 42(4): 341-353.

Ng E L, Patti A, Rose M, et al. 2014. Does the chemical nature of soil carbon drive the structure and functioning of soil microbial communities?[J]. Soil Biology and Biochemistry, 70(2): 54-61.

Nguyen B T, Lehmann J, Kinyangi J, et al. 2008. Long-term black carbon dynamics in cultivated soil[J]. Biogeochemistry, 89(3): 295-308.

Nitta T. 1991. Diversity of root fungal floras: its implications for soil-borne diseases and crop growth[J]. Japan Agricultural Research Quarterly, 25(1): 6-11.

Nocentini C, Certini G, Knicker H, et al. 2010. Nature and reactivity of charcoal produced and added to soil during wildfire are particle-size dependent. Organic Geochemistry, 41 (7): 682-689.

Noguera D, Rondon M, Laossi K, et al. 2010. Contrasted effect of biochar and earthworms on rice growth and resource allocation in different soils. Soil Biology and Biochemistry, 42 (7): 1017-1027.

Novak J M, Busscher W J, Laird D L, et al. 2009. Impact of biochar amendment on fertility of a southeastern coastal plain soil[J]. Soil Science, 174 (2): 105-112.

Nur M S M, Islami T, Handayanto E, et al. 2014. The use of biochar fortified compost on calcareous soil of East Nusa Tenggara, Indonesia: 2.Effect on the yield of maize (*Zea mays* L) and phosphate absorption[J]. American-Eurasian Journal of Sustainable Agriculture, 8 (5): 105-111.

Nutman P S. 1952. Host-factors influencing infection and nodule development in leguminous plants[J]. Proceedings of the Royal Society of London, (139): 176-185.

Ogawa M, Okimori Y. 2010. Pioneering works in biochar research, Japan [J]. Australian Journal of Soil Research, 48 (7): 489-500.

Ogawa M, Okimori Y, Takahashi F. 2006. Carbon sequestration by carbonization of biomass and forestation: three case studies[J]. Mitigation and Adaptation Strategies for Global Change, 11 (2): 421-436.

Oguntunde P G, Abiodun B J, Ajayi A E, et al. 2008. Effects of charcoal production on soil physical properties in Ghana[J]. Journal of Plant Nutrition and Soil Science, 171 (4): 591-596.

Ohsowski B M. 2015. Restoring grasslands in Southern Ontario sandpits: plant and soil food web responses to arbuscular mycorrhizal fungal inoculum, biochar, and municipal compost[D]. Kelowna: The University of British Columbia, Okanagan.

Okimori Y, Ogawa M, Takahashi F. 2003. Potential of CO_2 emission reductions by carbonizing biomass waste from industrial tree plantation in South Sumatra, Indonesia[J]. Mitigation and Adaptation Strategies for Global Change, 8 (3) : 261-280.

O'Neill B, Grossman J, Tsai M T, et al. 2009 Bacterial community composition in Brazilian Anthrosols and adjacent soils characterized using culturing and molecular identification[J]. Microbial Ecology, 58 (1): 23-35.

Ouédraogo E, Mando A, Zombré N P. 2001. Use of compost to improve soil properties and crop productivity under low input agricultural system in West Africa[J]. Agriculture Ecosystems and Environment, 84 (3): 259-266.

Pascual J A, García C, Hernandez T. 1999. Lasting microbiological and biochemical effects of the addition of municipal solid waste to an arid soil[J]. Biology and Fertility of Soils, 30 (1/2): 1-6.

Pascault N, Ranjard L, Kaisermann A, et al. 2013. Stimulation of different functional groups of bacteria by various plant residues as a driver of soil priming effect[J]. Ecosystems, 16 (5): 810-822.

Piccolo A, Pietramellara G, Mbagwu J S. 2010. Effect of coal derived humic substances on water retention and structural stability of Mediterranean soils[J]. Soil Use and Management, 12 (4): 209-213.

Pietikäinen J, Kiikkilä O, Fritze H. 2000. Charcoal as a habitat for microbes and its effect on the microbial community of the underlying humus[J]. Oikos, 89 (2): 231-242.

Pignatello J J, Kwon S, Lu Y. 2006. Effect of natural organic substances on the surface and adsorptive properties of environmental black carbon (Char): attenuation of surface activity by humic and fulvic acids[J]. Environmental Science and Technology, 40 (24): 7757-7763.

Pignatello J J, Xing B. 1996. Mechanisms of slow sorption of organic chemicals to natural particles[J]. Environmental Science and Technology, 30 (1): 1-11.

Preston C M, Schmidt M W I. 2006. Black (pyrogenic) carbon: a synthesis of current knowledge and uncertainties with special consideration of boreal regions [J]. Biogeosciences, 3 (4): 397-420.

Quilliam R S, Deluca T H, Jones D L. 2013. Biochar application reduces nodulation but increases nitrogenase activity in clover[J]. Plant and Soil, 366 (1/2): 83-92.

Ramreddy M A, Khan S N, Dobriyal N D. 1976. Effect of compost and mineral fertilizers on development of mycorrhiza in chir pine (Pinus roxburghii Sargent) and patula pine (Pinus patula Schlecht. and Cham) [J]. Indian Forester, 102 (7): 463-471.

Reddy K R, Chirakkara R A. 2013. Green and sustainable remedial strategy for contaminated site: case study[J]. Geotechnical and Geological Engineering, 31 (6): 1653-1661.

Renner R. 2007. Rethinking biochar[J]. Environmental Science and Technology, 41 (17): 5932-5933.

Reverchon F, Flicker R C, Yang H, et al. 2014. Changes in δ^{15}N in a soil-plant system under different biochar feedstocks and application rates[J]. Biology and Fertility of Soils, 50 (2): 275-283.

Rhodes A H, Carlin A, Semple K T. 2008. Impact of black carbon in the extraction and mineralization of phenanthrene in soil[J]. Environmental Science and Technology, 42 (3): 740-745.

Rhodes A H, Mcallister L E, Chen R, et al. 2010. Impact of activated charcoal on the mineralisation of 14C-phenanthrene in soils[J]. Chemosphere, 79 (4): 463-469.

Rillig M C, Mummey D L. 2006. Mycorrhizas and soil structure[J]. New Phytologist, 171 (1): 41-53.

Rivas R, Velazquez E, Willems A, et al. 2002. A new species of devosia that forms a unique nitrogen-fixing root-nodule symbiosis with the aquatic legume *Neptunia natans* (L.f.) Druce[J]. Applied and Environmental Microbiology, 68 (11): 5217-5222.

Robertson F A, Thorburn P J. 2007. Management of sugarcane harvest residues: consequences for soil carbon and nitrogen[J]. Australian Journal of Soil Research, 45 (1): 13-23.

Robinson B H, Green S R, Chancerel B, et al. 2007. Poplar for the phytomanagement of boron contaminated sites[J]. Environmental Pollution, 150 (2): 225-233.

Rondon M A, Lehmann J, Ramírez J, et al. 2007. Biological nitrogen fixation by common beans (*Phaseolus vulgaris* L.) increases with bio-char additions[J]. Biology and Fertility of Soils, 43 (6): 699-708.

Ros M, Klammer S, Knapp B, et al. 2006. Long-term effects of compost amendment of soil on functional and structural diversity and microbial activity[J]. Soil Use and Management, 22 (2): 209-218.

Rose D A. 2003. The effect of long-continued organic manuring on some physical properties of soils//Wilson W S. Advances in Soil Organic Matter Research[M]. Cambridge: Woodhead Publishing Limited: 197-205.

Sackston W E. 1950. Effect of pasmo disease on seed yield and thousand kernel weight of flax[J].

Canadian Journal of Research, 28(5): 493-512.

Saito M. 1990. Charcoal as a micro-habitat for VA mycorrhizal fungi, and its practical implication[J]. Agriculture Ecosystems and Environment, 29 (1/4): 341- 344.

Samonin V V, Elikova E E. 2004. A study of the adsorption of bacterial cells on porous materials[J]. Microbiology, 73 (6): 810.

Sara T S, Shah Z. 2017. Soil respiration, pH and EC as influenced by biochar[J]. Soil Environment, 36 (1): 77-83.

Schimmelpfennig S, Glaser B. 2012. One step forward toward characterization: some important material properties to distinguish biochars[J]. Journal of Environment Quality, 41(4): 1001-1013.

Schmidt M W I, Noack A G. 2000. Black carbon in soils and sediments: analysis, distribution, implications, and current challenges[J]. Global Biogeochemical Cycles, 14 (3): 777-793.

Schmidt M W I, Skjemstad J O, Czimczik C I, et al. 2001. Comparative analysis of black carbon in soils[J]. Global Biogeochemical Cycles, 15(1): 163-167.

Schneider D, Escala, Marina M, Supawittayayothin K, et al. 2011. Characterization of biochar from hydrothermal carbonization of bamboo[J]. International Journal of Energy and Environment, 2(4): 647-652.

Schulz H, Dunst G, Glaser B. 2013. Positive effects of composted biochar on plant growth and soil fertility[J]. Agronomy for Sustainable Development, 33 (4): 817-827.

Schulz H , Glaser B. 2012. Effects of biochar compared to organic and inorganic fertilizers on soil quality and plant growth in a greenhouse experiment[J]. Journal of Plant Nutrition and Soil Science, 175(3): 410-422.

Shahat A A, Ibrahim A Y, Hendawy S F, et al. 2011. Chemical composition, anti-microbial and antioxidant activities of essential oils from organically cultivated fennel cultivars[J]. Molecules, 16 (2): 1366-1377.

Sharma R K, Wooten J B, Baliga V L, et al. 2004. Characterization of chars from pyrolysis of lignin[J]. Fuel, 83(11/12): 1469-1482.

Silosuh L A, Lethbridge B J, Raffel S J, et al. 1994. Biological activities of two fungistatic antibiotics produced by Bacillus cereus UW85[J]. Applied and Environmental Microbiology, 60 (6): 2023-2030.

Slavich P G, Sinclair K, Morris S G, et al. 2013. Contrasting effects of manure and green waste biochars on the properties of an acidic ferralsol and productivity of a subtropical pasture[J]. Plant and Soil, 366 (1/2): 213-227.

Solaiman Z M, Blackwell P, Abbott L K, et al. 2010. Direct and residual effect of biochar application on mycorrhizal root colonisation, growth and nutrition of wheat [J]. Australian Journal of Soil Research, 48(7): 546-554.

Spokas K A, Koskinen W C, Baker J M, et al. 2009. Impacts of woodchip biochar additions on greenhouse gas production and sorption/degradation of two herbicides in a Minnesota soil[J]. Chemosphere, 77(4): 574-581.

Steiner C, Das K C, Garcia M V, et al. 2008a. Charcoal and smoke extract stimulate the soil microbial community in a highly weathered xanthic Ferralsol[J]. Pedobiologia - International Journal of Soil

Biology, 51 (5): 359-366.

Steiner C, Das K C, Melear N, et al. 2010. Reducing nitrogen loss during poultry litter composting using biochar[J]. Journal of Environment Quality, 39 (4): 1236-1242.

Steiner C, Glaser B, Geraldes T W, et al. 2008b. Nitrogen retention and plant uptake on a highly weathered central Amazonian Ferralsol amended with compost and charcoal[J]. Journal of Plant Nutrition and Soil Science, 171 (6): 893-899.

Steiner C, Melear N, Harris K, et al. 2011. Biochar as bulking agent for poultry litter composting[J]. Carbon Management, 2 (3): 227-230.

Steiner C, Teixeira W G, Lehmann J, et al. 2007. Long term effects of manure, charcoal and mineral fertilization on crop production and fertility on a highly weathered Central Amazonian upland soil[J]. Plant and Soil, 291 (1/2): 275-290.

Su P, Lou J, Brookes P C, et al. 2015. Taxon-specific responses of soil microbial com- munities to different soil priming effects induced by addition of plant residues and their biochars[J]. Journal of Soils and Sediments, 17 (3): 674-684.

Sukartono, Utomo W H, Kusuma Z, et al. 2011. Soil fertility status, nutrient uptake, and maize (*Zea mays* L.) yield following biochar and cattle manure application on sandy soils of Lombok, Indonesia[J]. Journal of Tropical Agriculture, 49: 47-52.

Sun D, Meng J, Xu E G, et al. 2016. Microbial community structure and predicted bacterial metabolic functions in biochar pellets aged in soil after 34 months[J]. Applied Soil Ecology, 100: 135-143.

Tagoe S O, Horiuchi T, Matsui T. 2008. Effects of carbonized and dried chicken manures on the growth, yield, and N content of soybean[J]. Plant and Soil, 306 (1): 211-220.

Tammeorg P, Simojoki A, Mäkelä P, et al. 2014. Biochar application to a fertile sandy clay loam in boreal conditions: effects on soil properties and yield formation of wheat, turnip rape and faba bean[J]. Plant and Soil, 379 (1/2): 389-390.

Tatsuhiro E, Kazuteru Y, Shigekata Y. 2002. Enhancement of the effectiveness of indigenous arbuscular mycorrhizal fungi by inorganic soil amendments[J]. Soil Science and Plant Nutrition, 48 (6): 897-900.

Thies J, Rillig M C. 2009. Characteristics of biochar: bioligical properties//Lehmann J, Joseph S. Biochar For Environmental Management: Science and Technology[M]. London: Earthscan: 85-105.

Tisdall J M, Oades J M. 1982. Organic matter and water-stable aggregates in soils[J]. Journal of Soil Science, 33 (2): 141-161.

Tomaszewski J E, Werner D, Luthy R G. 2007. Activated carbon amendment as a treatment for residual DDT in sediment from a superfund site in San Francisco Bay, Richmond, California, USA[J]. Environmental Toxicology and Chemistry, 26 (10): 2143-2150.

Topoliantz S, Ponge J F. 2003. Burrowing activity of the geophagous earthworm Pontoscolex corethrurus (Oligochaeta: Glossoscolecidae) in the presence of charcoal[J]. Applied Soil Ecology, 23 (3): 267-271.

Topoliantz S, Ponge J F, Ballof S. 2005. Manioc peel and charcoal: a potential organic amendment for sustainable soil fertility in the tropics[J]. Biology and Fertility of Soils, 41 (1): 15-21.

Treseder K K, Allen M F. 2002. Direct nitrogen and phosphorus limitation of arbuscular mycorrhizal fungi: a model and field test[J]. New Phytologist, 155 (3): 507-515.

Tryon E H. 1948. Effect of charcoal on certain physical, chemical, and biological properties of forest soils[J]. Ecological Monographs, 18 (1): 81-115.

Uchimiya M, Lima I M, Klasson K T, et al. 2010. Contaminant immobilization and nutrient release by biochar soil amendment: roles of natural organic matter[J]. Chemosphere, 80 (8): 935-940.

Uvarov A V. 2000. Effects of smoke emissions from a charcoal kiln on the functioning of forest Soil systems: a microcosm study[J]. Environmental Monitoring and Assessment, 60 (3): 337-357.

Uzoma K C, Inoue M, Andry H, et al. 2011. Effect of cow manure biochar on maize productivity under sandy soil condition[J]. Soil Use and Management, 27 (2): 205-212.

van Zwieten L, Kimber S, Morris S, et al. 2010. Effects of biochar from slow pyrolysis of papermill waste on agronomic performance and soil fertility[J]. Plant and Soil, 327 (1/2): 235-246.

Vangronsveld J, Herzig R, Weyens N, et al. 2009. Phytoremediation of contaminated soils and groundwater: lessons from the field[J]. Environmental Science and Pollution Research, 16 (7): 765-794.

Vaz-Moreira I, Silva M E, Manaia C M, et al. 2007. Diversity of bacterial isolates from commercial and homemade composts[J]. Microbial Ecology, 55 (4): 714-722.

Vestberg M, Kahiluoto H, Wallius E. 2011. Arbuscular mycorrhizal fungal diversity and species dominance in a temperate soil with long-term conventional and low-input cropping systems[J]. Mycorrhiza, 21 (5): 351-361.

Vooková B, Kormuťák A. 2001. Effect of sucrose concentration, charcoal, and indole-3-butyric acid on germination of abies numidica somatic embryos[J]. Biologia Plantarum, 44 (2): 181-184.

Wahba M M. 2007. Influence of compost on morphological and chemical properties of sandy soils, Egypt[J]. Journal of Applied Sciences Research, 3 (11): 1490-1493.

Wallenstein M D, Mcnulty S, Fernandez I J, et al. 2006. Nitrogen fertilization decreases forest soil fungal and bacterial biomass in three long-term experiments[J]. Forest Ecology and Management, 222 (1): 459-468.

Wallstedt A, Coughlan A, Munson A D, et al. 2002. Mechanisms of interaction between Kalmia angustifolia cover and Picea mariana seedlings[J]. Canadian Journal of Forest Research, 32 (11): 2022-2031.

Wang H, Lin K, Hou Z, et al. 2010. Sorption of the herbicide terbuthylazine in two New Zealand forest soils amended with biosolids and biochars[J]. Journal of Soils and Sediments, 10 (2): 283-289.

Wang T, Camps-Arbestain M, Hedley M, et al. 2012. Predicting phosphorus bioavailability from high- ash biochars[J]. Plant and Soil, 357 (1/2): 173-187.

Wang X, Song D, Liang G, et al. 2015. Maize biochar addition rate influences soil enzyme activity and microbial community composition in a fluvo-aquic soil[J]. Applied Soil Ecology, 96: 265-276.

Wardle D A, Nilsson M C, Zackrisson O. 2008. Fire-derived charcoal causes loss of forest humus[J]. Science, 320 (5876): 629.

Warnock D D, Lehmann J, Kuyper T W, et al. 2007. Mycorrhizal responses to biochar in soil–concepts and mechanisms[J]. Plant and Soil, 300 (1/2): 9-20.

Warnock D D, Mummey D, McBride B, et al. 2010. Influences of non-herbaceous biochar on arbuscular mycorrhizal fungal abundances in roots and soils: results from growth-chamber and field experiments[J]. Applied Soil Ecology, 46（3）: 450-456.

Warren G P, Alloway B J, Lepp N W, et al. 2003. Field trials to assess the uptake of arsenic by vegetables from contaminated soils and soil remediation with iron oxides[J]. Science of the Total Environment, 311 (1/3): 19-33.

Watzinger A, Feichtmair S, Kitzler B, et al. 2014. Soil microbial communities responded to biochar application in temperate soils and slowly metabolized ^{13}C-labelled biochar as revealed by ^{13}C PLFA analyses: results from a short-term incubation and pot experiment[J]. European Journal of Soil Science, 65 (1): 40-51.

Weber J, Karczewska A, Drozd J, et al. 2007. Agricultural and ecological aspects of a sandy soil as affected by the application of municipal solid waste composts[J]. Soil Biology and Biochemistry, 39 (6): 1294-1302.

White D C, Sutton S D, Ringelberg D B. 1996. The genus Sphingomonas: physiology and ecology[J]. Current Opinion in Biotechnology, 7 (3): 301.

Wortmann C S, Walters D T. 2007. Residual effects of compost and plowing on phosphorus and sediment in runoff[J]. Journal of Environmental Quality, 36 (5): 1521-1527.

Wu S, He H, Inthapanya X, et al. 2017. Role of biochar on composting of organic wastes and remediation of contaminated soils—a review[J]. Environmental Science and Pollution Research, 24 (20): 16560-16577.

Wurst S, Rillig V M C. 2010. Testing for allelopathic effects in plant competition: does activated carbon disrupt plant symbioses?[J]. Plant Ecology, 211(1): 19-26.

Xie Z P, Staehelin C, Vierheilig H, et al. 1995. Rhizobial nodulation factors stimulate mycorrhizal colonization of nodulating and nonnodulating soybeans[J]. Plant Physiology, 108 (4): 1519.

Xu C Y, Hosseini-Bai S, Hao Y, et al. 2015. Effect of biochar amendment on yield and photosynthesis of peanut on two types of soils[J]. Environental Science and Pollution Research, 22 (8): 6112-6125.

Yamato M, Okimori Y, Wibowo I E, et al. 2006. Effect of the application of charred bark of Acacia mangium on the yield of maize, cowpea and peanut and soil chemical properties in south Sumatra[J]. Soil Science and Plant Nutrition, 52 (4): 489-495.

Yang X B, Ying G G, Peng P A, et al. 2010. Influence of biochars on plant uptake and dissipation of two pesticides in an agricultural soil[J]. Journal of Agricultural and Food Chemistry, 58(13): 7915-7921.

Yang Y, Hunter W, Tao S, et al. 2009. Effect of activated carbon on microbial bioavailability of phenanthrene in soils[J]. Environmental Toxicology and Chemistry, 28(11): 2283-2288.

Yang Y, Sheng G. 2003. Pesticide adsorptivity of aged particulate matter arising from crop residue burns[J]. Journal of Agricultural and Food Chemistry, 51(17): 5047-5051.

Yang Y, Sheng G, Huang M. 2006. Bioavailability of diuron in soil containing wheat-straw-derived char[J]. Science of the Total Environment, 354(2/3): 170-178.

Ye J, Zhang R, Nielsen S, et al. 2016. A combination of biochar-mineral complexes and compost improves soil bacterial processes, soil quality, and plant properties[J]. Frontiera on Microbiology, (7): 372.

Yeboah S, Zhang R, Cai L, et al. 2016. Soil water content and photosynthetic capacity of spring wheat as affected by soil application of nitrogen-enriched biochar in a semiarid environment[J]. Photosynthetica, 55 (3): 532-542.

Yu X Y, Ying G G, Kookana R S. 2006. Sorption and desorption behaviors of diuron in soils amended with charcoal[J].Journal of Agricultural and Food Chemistry, 54 (22): 8545-8550.

Yu X Y, Ying G G, Kookana R S. 2009. Reduced plant uptake of pesticides with biochar additions to soil[J]. Chemosphere, 76 (5): 665-671.

Yuan J H, Xu R K, Zhang H. 2011.The forms of alkalis in the biochar produced from crop residues at different temperatures[J]. Bioresource Technology, 102 (3): 3488-3497.

Yuan Y, Chen H, Yuan W, et al. 2017. Is biochar-manure co-compost a better solution for soil health improvement and N_2O emissions mitigation?[J]. Soil Biology and Biochemistry, 113: 14-25.

Zhang A F, Cui L Q, Pan G X, et al. 2010. Effect of biochar amendment on yield and methane and nitrous oxide emissions from a rice paddy from Tai Lake plain, China[J]. Agriculture, Ecosystems and Environment , (139): 469-475.

Zhang H, Lin K, Wang H, et al. 2010. Effect of Pinus radiata derived biochars on soil sorption and desorption of phenanthrene[J]. Environmental Pollution, 158 (9): 2821-2825.

Zhang H, Sekiguchi Y, Hanada S, et al. 2003. Gemmatimonas aurantiaca gen. nov., sp. nov., a gram-negative, aerobic, polyphosphate-accumulating micro-organism, the first cultured representative of the new bacterial phylum Gemmatimonadetes phyl. Nov.[J]. International Journal of Systematic and Evolutionary Microbiology, 53 (4): 1155-1163.

Zhang S, Zhao X, Wang Y, et al. 2012. Molecular detection of fusarium oxysporum in the infected cucumber plants and soil[J]. Pakistan Journal of Botany, 44 (4): 1445-1451.

Zhou Z, Shi D, Qiu Y, et al. 2010. Sorptive domains of pine chars as probed by benzene and nitrobenzene[J]. Environmental Pollution, 158 (1): 201-206.

Zhu C, Ling N, Guo J, et al. 2016. Impacts of fertilization regimes on arbuscular mycorrhizal fungal (AMF) community composition were correlated with organic matter composition in maize rhizosphere soil[J]. Frontiers in Microbiology, (7): 1840.

Zimmerman J R, Ghosh U, Millward R N, et al. 2004. Addition of carbon sorbents to reduce PCB and PAH bioavailability in marine sediments: physicochemical tests[J]. Environmental Science and Technology, 38 (20): 5458-5464.

Zwieten L V, Kimber S, Morris S, et al. 2010. Effects of biochar from slow pyrolysis of papermill waste on agronomic performance and soil fertility[J]. Plant and Soil, 327 (1/2): 235-246.

彩　　图

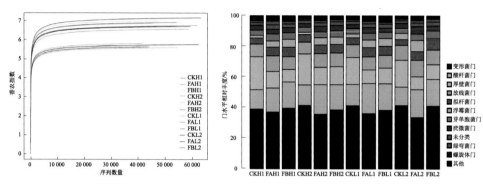

图 3-5　土壤细菌群落香农指数稀疏曲线图　　　图 3-9　不同样品土壤细菌群落门水平结构分布图

A: 芽单胞菌门
B: 芽单胞菌属
C: 未知属
D: 未知门WPS-1
E: 未知属WPS-1
F: 厚壁菌门
G: 微小杆菌属
H: 黄色土源菌
I: *Ohtaekwangia*
J: 小梨形菌属
K: *Gaiella*
L: 嗜酸土生单胞菌属
M: 马赛菌属
N: 鞘氨醇单胞菌
O: 柠檬酸杆菌属
P: 假单胞菌属
Q: 不动杆菌属
R: Gp4
S: 旱杆菌属
T: Gp6
U: Gp7
V: Gp3
W: Gp16

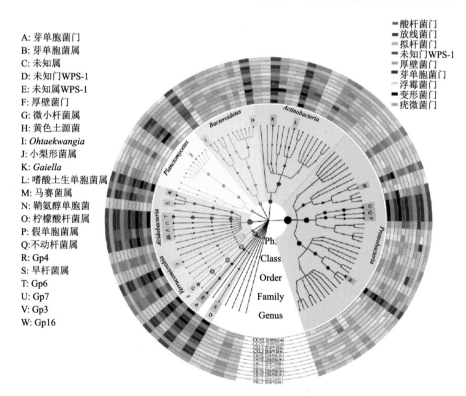

图 3-10　土壤细菌的分类和系统发育信息可视化图

图中暂未查询到中文菌名的用拉丁名表示，下同

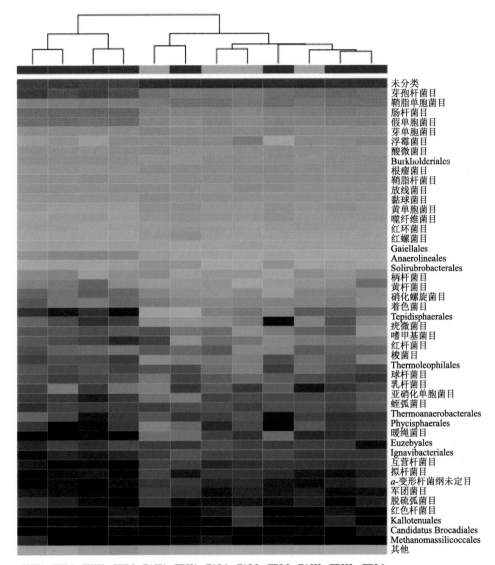

未分类
芽孢杆菌目
鞘脂单胞菌目
肠杆菌目
假单胞菌目
芽单胞菌目
浮霉菌目
酸微菌目
Burkholderiales
根瘤菌目
鞘脂杆菌目
放线菌目
黏球菌目
黄单胞菌目
噬纤维菌目
红环菌目
红螺菌目
Gaiellales
Anaerolineales
Solirubrobacterales
柄杆菌目
黄杆菌目
硝化螺旋菌目
着色菌目
Tepidisphaerales
疣微菌目
嗜甲基菌目
红杆菌目
梭菌目
Thermoleophilales
球杆菌目
乳杆菌目
亚硝化单胞菌目
蛭弧菌目
Thermoanaerobacterales
Phycisphaerales
暖绳菌目
Euzebyales
Ignavibacteriales
互营杆菌目
拟杆菌目
a-变形杆菌纲未定目
军团菌目
脱硫弧菌目
红色杆菌目
Kallotenuales
Candidatus Brocadiales
Methanomassilicoccales
其他

CKH1 CKL1 CKH2 CKL2 FAH1 FBH1 FAL1 FAL2 FBL2 FAH2 FBH2 FBL1

0   0.25   0.35   0.6   3.08   29.05

图 3-11 土壤细菌目水平物种丰富度聚类热图

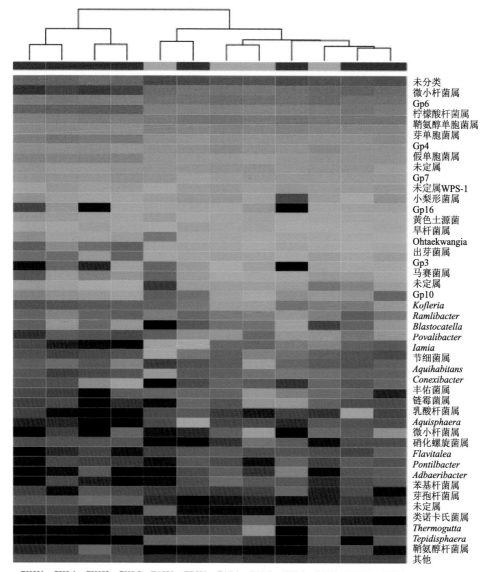

| | 未分类 |
| 微小杆菌属 |
| Gp6 |
| 柠檬酸杆菌属 |
| 鞘氨醇单胞菌属 |
| 芽单胞菌属 |
| Gp4 |
| 假单胞菌属 |
| 未定属 |
| Gp7 |
| 未定属WPS-1 |
| 小梨形菌属 |
| Gp16 |
| 黄色土源菌 |
| 旱杆菌属 |
| Ohtaekwangia |
| 出芽菌属 |
| Gp3 |
| 马赛菌属 |
| 未定属 |
| Gp10 |
| Kofleria |
| Ramlibacter |
| Blastocatella |
| Povalibacter |
| Iamia |
| 节细菌属 |
| Aquihabitans |
| Conexibacter |
| 丰佑菌属 |
| 链霉菌属 |
| 乳酸杆菌属 |
| Aquisphaera |
| 微小杆菌属 |
| 硝化螺旋菌属 |
| Flavitalea |
| Pontilbacter |
| Adbaeribacter |
| 苯基杆菌属 |
| 芽孢杆菌属 |
| 未定属 |
| 类诺卡氏菌属 |
| Thermogutta |
| Tepidisphaera |
| 鞘氨醇杆菌属 |
| 其他 |

CKH1 CKL1 CKH2 CKL2 FAH1 FBH1 FAL1 FAL2 FBL2 FAH2 FBH2 FBL1

0.05　　0.25　　0.35　　0.6　　2.1　　23.1

图 3-12　各处理土壤细菌属水平物种丰富度热图

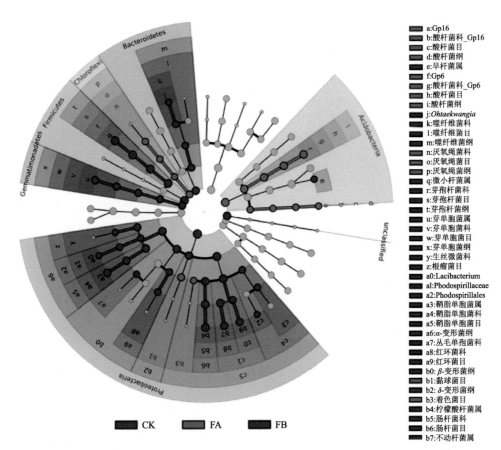

图 3-13　不同处理土壤细菌的 LEfSe 分析环形树状图

a:Gp16
b:酸杆菌科_Gp16
c:酸杆菌目
d:酸杆菌纲
e:旱杆菌属
f:Gp6
g:酸杆菌科_Gp6
h:酸杆菌目
i:酸杆菌纲
j:*Ohtaekwangia*
k:噬纤维菌科
l:噬纤维菌目
m:噬纤维菌纲
n:厌氧绳菌科
o:厌氧绳菌目
p:厌氧绳菌纲
q:微小杆菌属
r:芽孢杆菌科
s:芽孢杆菌目
t:芽孢杆菌纲
u:芽单胞菌属
v:芽单胞菌科
w:芽单胞菌目
x:芽单胞菌纲
y:生丝微菌科
z:根瘤菌目
a0:Lacibacterium
a1:Phodospirillaceae
a2:Phodospirillales
a3:鞘脂单胞菌属
a4:鞘脂单胞菌科
a5:鞘脂单胞菌目
a6:α-变形菌纲
a7:丛毛单胞菌科
a8:红环菌科
a9:红环菌目
b0:β-变形菌纲
b1:黏球菌目
b2:δ-变形菌纲
b3:着色菌目
b4:柠檬酸杆菌属
b5:肠杆菌科
b6:肠杆菌目
b7:不动杆菌属

CK　FA　FB